告别焦虑

木犁

著

台海出版社

图书在版编目（CIP）数据

告别焦虑 / 木犁著 . —— 北京：台海出版社，
2024.6
ISBN 978-7-5168-3859-4

Ⅰ. ①告… Ⅱ. ①木… Ⅲ. ①焦虑 - 心理调节 - 通俗
读物 Ⅳ. ① B842.6-49

中国国家版本馆 CIP 数据核字（2024）第 097345 号

告别焦虑

著　　者：木　犁

责任编辑：魏　敏　　　　　　　　封面设计：尚世视觉

出版发行：台海出版社

地　　址：北京市东城区景山东街 20 号　　邮政编码：100009

电　　话：010-64041652（发行，邮购）

传　　真：010-84045799（总编室）

网　　址：www.taimeng.org.cnthcbs/default.htm

E－mail：thcbs@126.com

经　　销：全国各地新华书店

印　　刷：三河市越阳印务有限公司

本书如有破损、缺页、装订错误，请与本社联系调换

开　　本：710 毫米 ×1000 毫米　　　1/16

字　　数：150 千字　　　　　　　　印　　张：10

版　　次：2024 年 6 月第 1 版　　　印　　次：2024 年 7 月第 1 次印刷

书　　号：ISBN 978-7-5168-3859-4

定　　价：59.80 元

在当今这个快节奏的时代，焦虑就像影子，跟随着我们每一个人。焦虑作为一种常见的现象，已经不再仅仅是情绪本身了，更是生活中的一种警示和挑战。它时时刻刻提醒我们需要关注自己内心的声音，提醒我们需要审视生活的状态。

焦虑可能源自我们对自我的怀疑，对未来的担忧，或是对周遭环境的过度敏感……某种程度上说，焦虑是我们关注自身的体现，也透露出我们追求更好的生活的愿望。因此，消除焦虑、告别焦虑可以帮助我们找到人生的目标，带领我们寻找解决问题的方法，从而激发我们的内在潜力。

我们不能简单地将焦虑这种情绪当成一种负担，而更应该将它视为通向辉煌人生的垫脚石。告别焦虑的蜕变之路或许会很艰辛，但我们一定可以走出属于自己的光彩！

当我们决定告别焦虑时，我们需要深入探索焦虑的根源，需要放下对焦虑的恐惧。在与焦虑的对抗中，我们更需要培养积极的心态。正如西班牙著名作家塞万提斯所言："生活不是等待暴风雨过去，而是要学会在雨中跳舞。"如果说焦虑是生活中的一场暴风雨，那么我们就要用"雨中跳舞"的姿态去勇敢地迎接它、正视它、改变它。

我们还需要学会一些应对焦虑的方法，这正是本书想传达给每一位读者的核心内容。当然，这些方法也是因人而异的，我们更希望每一位身处焦虑之中的读者在此基础上获得有效解决问题的思路，通过自己的力量，调动自身的认知，"举一反三"地解决焦虑问题。

　　请不要害怕焦虑，不要试图逃避它，逃避不是解决问题的途径。每个人都要有将问题解决掉的愿望，要有战胜焦虑的能力，更要有勇敢地面对一切的毅力，只有这样才不会深陷迷茫与失败的旋涡。让我们一起告别焦虑，走向内心的宁静与自由吧！

目　录
CONTENTS

第一章

焦虑型依恋人格

在人与人的亲密关系中，不同性格的人会呈现出不同的依恋特征。焦虑型依恋人格作为常见的一种人格类型，会对亲密关系造成极强的破坏，是一种极容易逼走爱人的依恋类型。

许多人会感到疑惑，亲密的"依恋"怎么会导致焦虑呢？然而，很多时候我们的内心就是如此矛盾：越亲密越焦虑，进而导致无端怀疑、害怕失去、以自我为中心、极强的占有欲……直至失去内心的安全感。在本章中，让我们深度解析焦虑型依恋人格，展开情绪自救吧！

什么是焦虑型依恋人格

焦虑型依恋人格是心理学依恋理论中的一种"非安全型"依恋模式，其人格特质最集中表现在对他人依赖和不信任共存的矛盾状态，极度缺失感情又渴望感情。从焦虑的本质上来看，其底层情感其实是一种恐惧，一种害怕被对方抛弃而产生的恐惧。

正如阿米尔·莱文和蕾切尔·赫尔勒在《关系的重建》中所说："你（焦虑型依恋的人）具备一种独特的感受力，能感受到亲密关系所受到的威胁。即使是一点细微的异样线索，也会激活你的依恋机制。而机制一旦激活，除非伴侣给你一个确切的反馈，表明你们的关系绝对可靠，否则你根本无法平静下来。"

恋爱时请给我一些空间

小刘最近很苦恼，女友小岳在跟他冷战。小岳个性内向，比较缺乏安全感。刚开始，小刘尚且可以接受女友对他与异性交往的胡思乱想和猜疑，认真回应、解释。但是，小岳的猜忌反而更加强烈。很快，事情发展到小刘与异性的正常来往都会引来小岳的不快。她打着关心的名义，开始频繁翻找小刘的微信、QQ消息，甚至购物记录中的"蛛丝马迹"，稍有怀疑就指责小刘对自己不忠。

小刘感觉自己的隐私被侵犯。当他向小岳提出想保留些个人空间，并再三保证自己与其他异性并无情感瓜葛时，小岳却情绪激动地表示小刘在撒谎，并对小刘一次次强调自己对这段感情多么重视，为维系感情自己付出很多，甚至出现绝食、拉黑等各种让小刘手足无措的行为。小刘非常不理解小岳为何会这么激动，他很爱小岳，但是如此下去，生活总是鸡飞狗跳的，也着实让他苦恼。

"过度关注"成为一种心理折磨

小岳在感情中就呈现出鲜明的焦虑型依恋特质。从中我们也可以看出焦虑型依恋的一些心理动机。毫无疑问，小刘和小岳都对彼此之间的感情比较重视，但是小岳比较缺乏安全感。这往往与小岳的成长环境，尤其是家庭环境有关（小岳的父母经常争吵，对其关心不多），她因为害怕失去而反复确认"安全基地"的存在，即黏人，怕被抛弃，展现出很强的占有欲和控制欲。

在双方的关系中，小岳在传递焦虑。小岳对男友的"过度关注"源自对于失去情感"安全基地"的莫名恐惧，而并非对方真的有不当行为，只是因为自己内心缺乏安全感。小岳反复强调自己为"维系情感"的付出，其实是想掩盖自己想操控对方，获得安全感的意图。

高依恋与高焦虑的危险叠加

著名心理学家、依恋理论提出者约翰·鲍比认为：依恋是个体通过接近更强壮、更智慧的他人来寻求安全感。在生命早期，这样的"他人"是我们的父母，他们充当着"安全基地"的角色，带给我们最初的安全感。因此，父母与孩子的互动方式，往往深刻影响孩子在早期形成的依恋型人格，并且会延续到他们成年后的亲密关系中。

假如这个"安全基地"是不确定的，父母的关注、爱甚至任何美好的事物，都可能随时消失，那么孩子就会陷入反复的关于得与失的焦虑之中。这就是焦虑型依恋人格形成的原因。与此相对，如果"安全基地"稳固，孩子更容易形成安全性依恋人格，无论是独处还是与他人交往都能从容自得；如果"安全基地"缺失，孩子更容易形成回避型依恋人格，会对亲密关系产生恐惧或是抗拒。如果在陌生环境中长大而缺乏"安全基地"，孩子更容易形成混乱型依恋人格。

这些早期的依恋型人格会对我们成年后的亲密关系产生巨大的影响。而"焦虑程度高"与"回避程度低"（依恋程度高）的叠加，显然更容易给自己和亲密交往对象带来双重不好的体验：第一，关系中的距离感和表达亲密的方式不当；第二，应对冲突的方式简单粗暴；第三，表达需求和愿望过激；第四，对伴侣和亲密关系的期待过高。

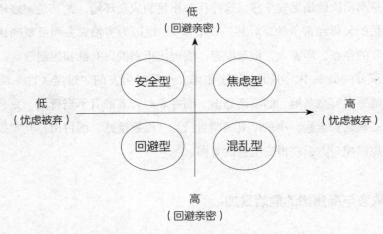

· 焦虑程度低 + 回避程度低 = 安全型依恋
· 焦虑程度高 + 回避程度低 = 焦虑型依恋
· 焦虑程度低 + 回避程度高 = 回避型依恋
· 焦虑程度高 + 回避程度高 = 混乱型依恋

⁄⁄ 焦虑型依恋人格的表现

过度担忧。焦虑型依恋者对亲密关系要求高、期待高，对细微变化的反应也十分强烈，比如会将语气急一点、没有及时地回消息，甚至没有夸自己做的饭菜好吃之类的细节，都视作对亲密关系的"巨大威胁"，并做出极其强烈的反应。

极度敏感。焦虑型依恋者对情感中的细微变化过度看重，当对方稍微表现出拒绝的意思，就会放大情绪，变得激动、不理智，甚至通过极度"黏人"的方式，频繁发信息、打电话，时刻掌控对方的行踪。

感情饥渴。依恋是感情双方常有的心态，但焦虑型依恋却是亲密关系的"杀手"。毕竟，谁也无法承受对方"体贴入微"的关心背后极强的掌控欲，就如故事中的小刘。焦虑型依恋者内心恐惧关系的结束，无法理性地处理关系。他们将对方视作无比重要的人，却不能真正尊重对方的人格，因为对方的独立与强大会促使他们产生危机感。

放低自尊。焦虑型依恋者出于被拒绝、被抛弃的焦虑，也可能发展出"放低自尊"的情况，试图以牺牲自己来获得对方的好感，主动迎合对方对自己的要求，甚至是一些自己主观臆想的要求；更有甚者，会将害怕失去的恐惧归结于"自己不够好"，缺乏自信，苛责自己。

⫻ 如何破局

如何破除焦虑型依恋人格所带来的消极影响？这里先行给出一些可以尝试自我调整的方向：第一，戒掉胡思乱想和患得患失；第二，学会消化自己的情绪；第三，正确转移自己的注意力；第四，学会正面且积极地沟通；第五，让自己变得更强大。这部分内容我们将会在本章接下来的章节中详细讲述。

最重要的是，要学着去面对自己的焦虑，拥有自我和他人均是独立的个体的意识，学会爱自己也要爱别人，进而获得一段幸福的亲密关系。

越亲密越焦虑，内心充满矛盾

甜蜜爱情里也有隐忧

小轩的恋情可谓甜蜜又充满忧虑。他的女友曦曦活泼开朗，是周围人公认的"小太阳"，备受欢迎。小轩在感慨女友的外向热情之外，隐隐担忧她是否会因为过于受欢迎而忽略自己。

小轩每天有"报备"的习惯，喜欢分享自己的动向给曦曦，而曦曦的回复总是寥寥几句。这日小轩兴冲冲告知曦曦一个好消息，曦曦在忙，就心不在焉地表示了几句祝贺。小轩的心情跌到谷底，等两人见面时忍不住怒气冲冲地表达不满。越发委屈的他气愤地阐述着自己近期遭遇的不公：曦曦不回复他的消息，拒绝他的聚餐邀约，不在乎他的感受……

面对这一系列的指责，曦曦面色逐渐难看。她尽力劝阻正在气头上的小轩，小轩却转身离开，独留曦曦站在原地尴尬。回到家的小轩逐渐冷静下来，同时后悔自己的行为不当。他想主动去找曦曦，又觉得面子上挂不住，一时间，懊恼涌上心头。

伤人伤己的"恋人"

小轩是典型的焦虑型依恋恋人。他无法控制好自己患得患失的心情和过激的行为，给自己和女友带来无尽困扰。

⫽ 神奇的内在工作模型

英国心理学家约翰·鲍比早在 1969 年就提出有关自我与他人的概念"内部工作模型"。鲍尔比认为幼儿与他人建立起逐渐复杂的关系时，会将自我与被依恋者的联系内化为固定模式。

"扩大需求"的心理模式。内部工作模型是依恋理论的核心概念之一，幼儿早期与依恋对象（如母亲）的依恋风格不同会造就不同的内部工作模式。具备高可亲近性、关注幼儿情感需求的依恋对象，会给幼儿安全、稳定的情感支持。低可亲近性、对幼儿情感关注飘忽不定的依恋对象，会加剧幼儿的不稳定性，促使他们回避情感需求或者扩大情感需求。幼儿成年后，内部模式倾向于扩大情感需求的人就会将依恋转嫁到恋人身上。

小轩年少时父母忙碌，时常忽略他，那时他会以大声哭闹来引起关注。而随着他的成长，这种"哭闹求关注"的行为，在恋爱关系中转变成一些掩饰得更好的行为：主动报备，暗示对方关注自己，担忧女友太受欢迎而忽视自己，无法克制自己因小事而勃然大怒……归根溯源，这都是情感需求倾向于扩大的依恋模式惹的祸。

激进非理智的行为。焦虑型依恋恋人因自身扩大情感需求的倾向与驱动，常在感情中做出不合理行为：缺乏安全感，会想事无巨细地了解对方，呈现出感情饥渴的状态；对恋人想保留个人空间的要求，表现出明显抗拒、不理解；对恋人无法信任，当情感需求未得到回应时，就极端化地认为恋人背叛和遗弃了自己；不能及时察觉自身问题，也较难控制情绪，容易做出伤害他人情感的行为。

在不加干预的情况下，焦虑型依恋者很难改正自己在亲密关系中的心态与行为，且会随着关系深入，越发焦虑与烦躁。科学纠正，重塑良好关系刻不容缓！

⫽ 纠正自我，重塑关系

焦虑型依恋不是自己的错。如今，人们普遍强调自我与独立。这是社会进步、尊重个体的表现，但也不可避免地为部分偏向依恋的人带来心理压力：自己的依恋会被批评为"人格不独立""不成熟""舔狗"等。焦虑型依恋的人在备受情感折磨的同时，内心又充斥着不被看到、不被接纳的焦虑。

我们必须打破这种偏见。依恋不是幼稚，它有其有利的一面，主动为我们的身心成长寻求保驾护航的力量。而焦虑型依恋往往是年少时错误的依恋关系造成的，是一种"依恋过度"。如果你有这种情况，就去正视它，鼓起勇气，调节自我，走出困境。

捕捉"不安全因素"。焦虑型依恋人格会带来更细腻的情感体验，对危险提前捕捉的能力也很强。鲍比在描述依恋关系时曾说："我们伟大的痛苦源自我们对安全的需求。"对安全的追求，让这些人仿佛自带扫除不安全因素的"雷达"。当他们正确认识到这种能力，并转化到关照他人身上，这种能力就会带来正向的结果。

转变为"安全型依恋"。美国演员朗恩·乔瑟夫说："我们每个人的内心深处都只是曾经的那个孩子。这个孩子造就了我们过去所经历的一切、现在的生活及未来的生活。"对于焦虑型依恋者，正确认识自己初期错误的情感模式，并积极成长为能给自己安全感、能宽容他人的人非常重要。

摆脱恐惧和焦虑，可以尝试这些方法：承认依恋，承认焦虑，但不放任自己冲动行事；增强同理心，保持冷静，焦虑情绪出现时要换位思考；学会正确诉说自己的需求；认识到自身是最坚固的依靠，将关注点放在自我成长上。

让情绪稳定起来

所有人都不能长久陪伴我

莹莹是一位青春靓丽的都市白领，但她的感情生活却屡屡受挫。在爱情方面，男友总是对她缺乏关心、忽冷忽热，让她伤心，两人再也回不到"煲电话粥"的快乐时光。在友情方面，多年好友最近忙碌不断，又不在同一座城市，联系也越来越少。父母不理解她的烦恼，尤其是感情和工作中的不顺，只能简单安慰她几句，也不能给她提供切实的建议。工作压力带来的焦虑，无人可倾诉的境遇，都让往日开朗的莹莹越加不快……

"没有人能陪伴我！"莹莹看着微信聊天界面男友未回复的消息，陷入沉思……

焦虑依恋的延伸

焦虑抑郁特质会让我们在日常与他人相处时受到困扰，而这种困扰产生的深层次原因很复杂。

找回存在感。英国哲学家乔治·贝克莱有一句关于"存在"的概括性话语："存在即被感知。"美国存在主义心理学家罗洛·梅则认为，存在感是心理健康的重要标志。存在感对人的心理健康成长非常重要，焦虑型依恋者多有遭遇被依恋对象冷落的情况，这种存在感缺失的经历会逐渐转变为内心的不安全感和成就感缺失。

莹莹对"无人陪伴"心生恐惧，本质上是内心的不安全感在作祟。因而，人际关系中易焦虑的人应该自主打破这种思想屏障，找回自我存在感。

重视独立性。具有焦虑型依恋特质的人往往不是在感情中寻找爱和信任，而是以"情感饥渴"的状态寻求关注，他们内心渴望别人真正认同他、依恋他，但忘却了自我独立的重要性。莹莹的焦虑型依恋表现在情感生活中的多个方面，有忘却自身独立的重要性，渴望从他人那里得到认同的倾向。

缺乏存在感和忽略独立性让焦虑型依恋者在人际关系中患得患失，行事情绪化。那么，有哪些科学且有效的方法能改善这种情况，让他们情绪稳定起来呢？

⫽ 稳定情绪的秘诀

减少情感依赖。焦虑性依恋者习惯将情感生活作为生活的重点和中心，而他人的情感回馈成为他们最依赖、最看重的部分。当对方稍微怠慢或者延迟情感回馈，焦虑型依恋者就会陷入情绪怪圈，对情感的真挚程度产生怀疑。

想减少对他人的情感依赖，我们可以尝试这样两种方式：提升自我意识，通过写日记记录情绪转变、自我反思和与人交谈等方式清晰认识自身的行为；建立情感支持系统，寻求专业咨询师与医生的帮助，建立并完善自身的情感与行为模式系统。

接受情绪波动。情绪是人内心感受和行为倾向的综合体，焦虑型依恋者对各种情绪的感知是极为敏锐的，他们会在心中预设和猜想事情的变化，而这种预设和猜想又受到情绪波动的影响。焦虑性依恋者多数会被自己过多的情绪感知困扰，并随之产生巨大的情绪波动，他们可能会给人以太情绪化、喜怒无常等印象。

在面对"不要过于敏感""你太情绪化"的批评时，不要过度关注这些声音，以免产生不适与焦虑感。要努力减少他人言论的影响，正视自身情绪波动的真实感受。

认识亲密关系中的情绪问题。焦虑型依恋特质重的人往往会产生大量的负面情绪，比如因缺乏安全感而产生的孤独、忐忑、害怕与焦灼，因被依恋者无心的忽略而产生的被抛弃感、不确定感。多种不良情绪的叠加必然会严重伤害我们正常的亲密关系。

信任自己，信任他人。我们要信任自己，信任与他人的关系。想要消除焦虑情绪，就要主动增强对自己的信任、对亲近之人的信任，缓解猜疑造成的情绪波动。

用自我价值重建内心安全感

安全感是自己给的

萱萱的妈妈是一位备受周围人夸赞的传统女性，她重视家庭，年复一年地为家里操持。然而，随着萱萱长大离开家庭，丈夫沉迷于个人爱好，闲下来的萱萱妈妈反而逐渐失去了生活的方向。她怀念孩子年幼时依恋她的笑脸，以及丈夫年轻时的夸赞，每日郁郁寡欢。

一次，萱萱回家探望妈妈，妈妈终于忍不住向女儿倾诉了内心的苦恼。萱萱感受到妈妈对自己的爱，也感受到妈妈此时的迷茫。她认真表达了对妈妈的付出的感恩。妈妈这时才意识到，原来家人从没有忽视她。

此后，在女儿的帮助下，萱萱的妈妈意识到该享受属于自己的生活了，自我才是最重要的。她开始关注自己的生活，每天神采奕奕地同伙伴逛街、跳舞、郊游……不再为家人的"忽视"焦躁。萱萱的妈妈就这样逐渐在充实的生活中，让内心平静祥和起来，体会到了生活的意义。

焦虑型依恋带来的价值迷失

萱萱的妈妈展现了焦虑型依恋者感到不安的深层次原因——自我价值感

缺失。萱萱的妈妈是一位具备焦虑型依恋特质的传统女性，她在日复一日的付出中，将自我生活放了"儿女""丈夫"的需求之后。从美国人格发展心理学家爱利克·埃里克森提出的"自我认同"理论看，"认识自我价值"在生活中十分重要。萱萱的妈妈在照顾家人的过程中产生对自我的认同，同时让她对家人产生依恋。当家人不再需要她那么多的照顾，她这种自我价值感便降低了，焦虑型依恋就会促使她感到不快。

∥ 自我价值感缺失体现在哪些方面

极度自卑。自我价值感低的人通常极度自卑，可能在他们的认知里，自己就是那个"没用的人"。在很多时候，缺失自我价值感的人对生活持悲观态度，甚至在一定程度上会因为自卑而放弃理想，认为自己不配得到美好的生活。他们时常会被无助、绝望等悲观词汇环绕，认为自己就是如此。

过度在意他人的反馈。过度关注他人对自己的评价往往是自我价值感低的人的通病。他们可能会因为他人的一个眼神或动作焦虑，他们通常会想：是我做错什么了吗？他为什么要看我……又或是在任何事上都习惯看他人的目光，会一遍遍地确认自己是否正确，是否足够好。他们即便知道自己想要什么，也会因为害怕他人的评价，害怕失败而不敢迈出第一步，什么也得不到，最终迷茫在虚妄里。

还有一些人像转变前的萱萱的妈妈一样，将自我的价值完全建立在对家人的付出上，一旦不需要付出了，孩子和丈夫不再有"被照顾"的回应时，反而失去了自己的价值感。

没有自我规划。没有明确、清晰的目标也是自我价值感缺失的主要表现之一。自我价值感低的人往往对自己没有清晰的认知，他们往往不知道自己想要什么，也不知道该如何实现自己的"幻想"。

如何提升自我价值感

接受自己的"不完美"。 自我价值感低的人通常都觉得自己有太多缺点，但这并不代表他就是自己想象的那样——不完美、不优秀，只是他们还没有看到自己的闪光点。不带任何形式批判地看待自己，不轻易否定自己，试着接受自己，是提升自我价值感的最重要的一步。

不要沉浸在以往的失误里。 很多自我价值感缺失的人都会盯着自己的错误、失败，走不出来。他们很可能太过在意别人的看法，又或是试图避免再次犯错，但失败是人生中不可避免的一部分，如果持续沉浸在这些失误当中，就会忽略近在眼前的机会。我们该学会的是放下过去，放下沉重的包袱，从失败中吸取经验教训，更好地前进，实现自我价值感。

将目光回归自我。 在追求幸福人生的旅程中，找到自己的价值才能够获得内在的充实感，重建内心的安全感。而找到自己的价值所在，首先要关注自我、认识自我。

在这个过程中，了解自己的兴趣和热情所在，是找到自己的价值的关键，而不是将价值依附在他人身上。切记，"我的内在无穷大"，你有实现自我价值的巨大空间。

第二章

回避型依恋人格

回避型依恋人格是一种常见人格类型，同样会对亲密关系产生巨大影响。具有这种人格的人，一方面强烈渴望别人给予热情与接纳，另一方面则因害怕失败或失望而不敢与人交往。

由于抱有这种矛盾的心态，他们在外界看来就是一个"矛盾体"。回避型依恋者渴望爱，但是一旦发现对方越界，他们就会逃跑，这是过度防御的一种表现。在本章中，让我们分析一下这种人格类型，展开对亲密关系和自我认同的救赎吧！

什么是回避型依恋人格

回避型依恋人格是心理学上一种常见的人格障碍，这类人格的缺陷主要表现在对亲密关系的回避上。在英国心理学家约翰·鲍比看来，回避型依恋者通常会认为依赖是不安全的，他们往往害怕被拒绝、被抛弃。这种害怕被拒绝、被抛弃背后隐藏的其实是一种"恐惧感"。因此，他们通常会在亲密关系中表现出疏离、冷漠的态度，甚至在一开始就避免与他人建立亲密关系，以免受到伤害或被拒绝。

是爱还是逃？

琳琳最近很困扰，她和自己的男朋友才谈了一个月的恋爱就感觉厌烦了。琳琳受不了对方每天给她发消息，和她谈一些"无聊"的话题，也受不了对方太过关心她。她经常会因为男友和她的关系太过亲密而感到焦躁不安，甚至恐惧……

男朋友对此很不理解，他问了很多自己的朋友后，得到的答案是"可能琳琳并不真正爱你"。他不知道该如何处理与琳琳的恋爱关系。琳琳对此也很烦恼，好像周围人的恋爱关系都不是这样"冷淡"，只有自己是这样。她也想热恋，可完全做不到。明明是她先追的男朋友，自己反而受不了情侣之间的亲密互动：微信聊天，煲"电话粥"，互送礼物……她甚至怀疑自己是个"渣女"。琳琳也知道，自己不是不爱男朋友，只是想逃离他的关心。

回避型依恋者真的"渣"吗

琳琳对男朋友的"厌烦"是很明显的回避型依恋的表现。琳琳知道自己很爱自己的男朋友，而且她自己还是这段恋情中的主动者，所以根本也不存在轻易不爱。她和男朋友陷入了一种恋爱关系的"追逃"中，这种"追逃模式"在回避型依恋关系中是一种很常见的互动模式。可以说，处在"追逃模式"中的情侣就像故事里讲的一样：男友越追，琳琳越逃。

在这种关系中，双方都会陷入痛苦之中。琳琳会不断地在关系中表现出疏离和逃避的倾向，她害怕自己会过度依赖男朋友，担心被拒绝、被伤害，好像自己自始至终都没有安全感。而对男朋友而言，琳琳的做法同样让自己感到不安，他觉得琳琳不重视自己，甚至觉得琳琳根本就不爱自己……双方对于亲密关系的不满和痛苦都进一步加剧了这段关系的不稳定。

回避型依恋人格在亲密关系中的表现

过度独立。回避型依恋者通常不依赖他人，也不愿意为他人付出太多。他们更倾向于独立自主，认为很多事情自己就能搞定，不需要麻烦别人，别人也不能打扰自己的生活。他们更希望有一个属于自己的独立空间，如果有人过度地闯入了他们的生活之中，他们就会逃避，甚至抗拒。

忽冷忽热。与回避型依恋者恋爱，有一个致命的问题——对方对你忽冷忽热。这种模式下，很多人甚至都会怀疑对方是不是爱自己。其实并不是回避型依恋者不爱自己的另一半，更多的是他们不会爱，更不会很好地处理感情中的问题。

自我保护。回避型依恋者会在某些时候表现出"自私"倾向，他们更关注自己，无法与他人建立联系。从某种角度说，这种"自私"可以看作自我保护的一种方式。他们害怕因与他人靠得太近而受到伤害，所以自己就先把自己包裹起来。不重视别人，别人也就不重视自己了，自己可能就不会被伤害了。

压抑情绪。回避型依恋者不会轻易表露自己的情绪，他们在很多时候会压抑自己内心深处的不满和痛苦，直到忍无可忍。很多时候，对方诉说了很多关系中的问题，想要让他们改变，或是双方共同解决问题。但可能到了最后，回避型依恋者只是简单地回复几个字，看起来极其敷衍。这种敷衍其实是自我压抑的一种表现，他们习惯了下意识地逃避和冷处理。

高度焦虑+高度回避的不安全关系

约翰·鲍比的研究表明，回避型依恋者在关系中的行为模式是高焦虑、高回避的。他们往往渴求爱，但又时刻保持着随时退出的状态，看上去好像很"渣"，但其实这是他们的一种自我保护机制。他们通常不敢让对方太爱自己，认为自己爱自己就够了，别人都是不可信的。

回避型依恋人格的产生通常与童年经历（婴儿期）有关。回避型依恋者在幼儿阶段，可能表现过对父母的依恋，但父母并没有给予孩子正确的回应，而是一味地苛责、拒绝孩子。他们不理解孩子的依恋，甚至对这种依恋很抵触，让孩子陷入一种"只有我自己"的误区中，进而形成回避型依恋人格。

如何转变思维，走出误区

摆脱回避型依恋人格，是不容易的。我们该如何走出这种"只有自己"的误区呢？你可以尝试以下几个方法。

学会认识自己。试着了解自己的情感需求和行为模式，回忆童年经历中哪些方面影响了如今的依恋模式，找到它并勇敢面对它、治愈它。

和自己内心对话。多问问自己：为什么会产生回避行为模式？是什么让自己陷入回避型依恋中？这样的行为模式给自己带来了什么好处，又有什么不好的地方？但你要知道，有很多"好处"可能只是符合自己的行为认知和逻辑，并不是真正的优点；有些"坏处"反而是一直忽略、需要加强的地方。

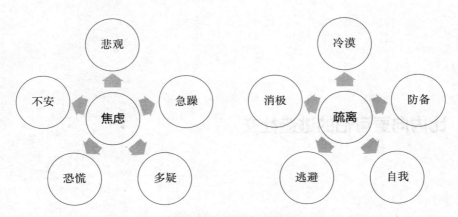

回避型依恋人格的心理特征

　　表达情感需求。回避型依恋者往往不敢向对方表达真实的自己，很多时候，会给人一种"假"的感觉。这种"假"，其实也是自己不敢面对真实自我的一种表现。他们往往害怕展现真实的自己会让对方不喜欢自己、伤害自己。所以，回避型依恋者可以从一些小事入手，试着表达自己的情感需求，并试图让对方理解。

比内向更可怕的逃避社交

我的职场，好可怕

依依大学刚毕业后就顺利进入职场，然而她不太会处理职场的人际关系，经常觉得自己无法和同事互动，他们好像在"躲着自己"，甚至一度怀疑他们是不是不太喜欢自己。依依经常会因为这类事情陷入内耗中，质疑自己，甚至讨厌自己，认为自己就是同事眼中的"另类"，自己也更加不愿意和同事交流，甚至不愿意参加同事聚餐、团建等日常活动。

依依很苦恼，怀疑自己是不是不具备正常与人相处的能力，变得逃避社交。她在工作中也不顺心，自己不会做的工作也没有人愿意多教她一点儿。她在职场里感到很挫败，也很绝望，在学校时就没有这些感觉。依依和朋友聊天时发现，朋友在职场上就显得游刃有余多了。依依和朋友聊了很多，但还是没找到融入同事之中的方法。

濒于崩溃的相处模式

依依初入职场时，还不太适应新的环境和人际关系，也没有迅速地从学生思维中跳出来，所以产生了一定的焦虑情绪和自我怀疑。在这种情绪下，依依更容易受到他人影响，也比较敏感。

依依逐渐产生了挫败感，这些负面情绪和经历会让她产生一定的回避行为，比如不愿和同事交流，或避免与他们相处。

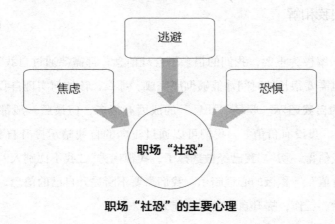

职场"社恐"的主要心理

∥ 职场"社恐"是怎么来的

自我性格不完善。在职场中与他人相处困难的人，在很多时候反而很在意他人对自己的评价，担心自己做错事或遭到他人拒绝。这种不自信会影响到他们在社交场合中的正常状态，导致他们常常紧张焦虑、惶恐不安，从而选择逃避，处理不好人际关系。

灾难化心理预期。过度灾难化的思维可能会导致"社恐"。这种认知可能会导致他们因为偶尔一次的挫败就否定自己的全部，或把事情想得过于糟糕。这种不合理信念会在很大程度上加深负面情绪，从而导致他们更难以应对人际交往中的挑战。

自我效能感的缺失。在心理学中，自我效能感指个体对自己是否有能力完成某一行为的推测与判断。很多自我效能感低的人缺乏自信，觉得自己无法胜任工作，无法与周围人建立良好关系。这可能会导致他们不敢尝试新鲜事物，害怕与他人交往，进而因为缺乏自信不敢表达自己。他们很多时候会因为得不到周围人的尊重和认可而陷入失落、无助中。

学会自我和解

自我和解极为重要，我们的很多不合理信念，都需要通过自我和解清除。当然，这也需要很长的时间才能够彻底完成。那么，该如何实现自我和解呢？

正向的自我暗示。职场"社恐"的成因有很多，但最后一般都会归结为"我不够好，我没有价值"。我们可以通过正向的自我暗示提升自我认同感，给自己"我值得一切""我已经被选择了，我很优秀""我不比别人差，我有属于自己的价值"等积极的心理暗示。我们需要不断提升自己的信念，才能更好地处理生活、工作，提升自己的社交能力。

走出自我怀疑。每个人都有自己的优点，也同样存在缺点，人无完人，没必要让自己陷入自我怀疑中。相信自己，你在他人眼中并不像自己感觉的那样差，那样不堪。坦然接受自己的一些缺点、问题，试着去社交、尝试，就会走出这种自我怀疑的困境。

找个人聊聊。可以找个人聊聊，不管是和朋友、家人还是专业的心理咨询师交流，都会在一定程度上缓解你的悲观情绪。有些时候我们需要别人的倾听，而交谈刚好可以做到这一点。

希望被爱又逃避爱

我希望自己被爱，可担心再次被伤害

小源在和女友扬扬相处的时候，发现她似乎不太信任自己，不愿意向自己倾诉烦恼，不愿意将他介绍给自己的朋友、家人。扬扬在恋爱中很独立，独立到让小源觉得她在疏远自己，又或者是根本没有那么爱自己，独立到似乎不需要他这个男朋友。

有时候扬扬明明已经很崩溃了，但还是不会和小源倾诉。如果小源强行问她发生了什么事情，还会吵架。有一次扬扬的车被别人刮花了，小源想要调监控帮扬扬讨回公道，结果扬扬并不想让小源插手，两人不欢而散，甚至闹到分手。最后，小源只能听扬扬的，不去管这件事情。可扬扬在和对方交涉时，对方强词夺理，扬扬根本无力招架，这让小源特别心疼。

小源觉得自己好像帮不到扬扬一点儿，扬扬把自己封闭起来了。直到和扬扬的闺密沟通后，小源才知道，原来扬扬的童年生活并不美好，父母早年离异，跟随父亲生活的她天生要强，习惯所有事情都自己做。可能是因为先前糟糕的经历，如今的她不相信任何人，也不敢麻烦任何人。

我只敢相信自己

扬扬的状态属于明显的回避型依恋，她认为自己不需要任何人的关心和帮助，选择独自面对一切。可越是这样的人，实际上越渴望得到关注，得到真正的关心和理解，她需要有一个人可以从始至终站在自己这边。

但同时，扬扬也害怕自己一旦在恋爱中投入感情进去，对方又离开，所以她只能一步步向后退。过往的经历让扬扬学会自我保护、自我承担，不敢轻易相信和依赖他人，她害怕自己再次受到伤害。

我好像不敢接受这份爱

回避型依恋者通常都有类似扬扬的问题，不敢接受摆在眼前的爱，不敢接受与别人的友谊乃至亲密关系。那么，不敢接受爱又体现在哪些方面呢？

不敢做出承诺。回避型依恋者往往和其他人有一道明显的鸿沟，这道鸿沟是他们自己设置的。他们不敢对他人做出承诺，更不敢信任他人，难以敞开心扉。他们经常会在亲密关系中感到不安，害怕受到伤害，因而不敢轻易打开心扉，也不敢接受对方的关心和陪伴，但他们往往最需要这份关心和陪伴。

过强的独立性。这类人很少麻烦别人，他们害怕给他人添麻烦。但其实在他们的深层潜意识中，自己或许是最需要被照顾的，只是因为习惯了推开身边的人，独自承受一切。

不值得被爱的心理。回避型依恋者通常会觉得自己不值得被爱，不够被爱，没有人爱自己，没有人重视自己，但也会在相处中，反复确认自己是否被爱，是不是真的像自己想象的那样——没有人爱，自己不重要。因此，他们对待一段关系时，容易持悲观态度。

⫽ 如何摆脱这份不配得的爱

停止自我设限。"自我设限"是奥地利著名心理学家阿德勒的观点，他在他创立的个体心理学中提出了这个概念。阿德勒认为，人们对现实的理解受到自身主观意识的影响。回避型依恋者通常会觉得自己不值得被爱，或担心被拒绝，从而不愿尝试建立一段亲密关系。这种对亲密关系的恐惧和回避，时常会让他们进行自我设限。停下不健康的自我设限，你的生活会更加美好！

信任爱你的人。回避型依恋者往往会在一些事情上苛责自己，又或是觉得自己不够好，不值得被爱。这时，他们需要的是一个真正爱自己的人。如果一个人愿意为自己真心付出爱，那么就尝试着信任他。如果做不到由内向外的自我调整，那就试着慢下来，停一下，换种方法，慢慢信任能给自己带来爱的人，给他们，更给自己一个机会。

寻求专业帮助。回避型依恋人格的形成通常与过往经历有关，可能是童年的某一次拒绝、不认可，伤害到了自己，导致产生不安全的依恋模式。如果心理问题过于严重，影响到日常生活，可以寻求专业心理咨询师的帮助。

要改变就先与自己和解

我自己是有力量的

小薇是一位对外汉语教师，在小薇的班上有这样一个女孩，她从小常年生活在日本，对母语已经比较陌生，学习汉语感到吃力。她尤其惧怕汉语演讲，总感觉自己口音太重，说起汉语来磕磕巴巴。小薇观察到这一点后，找到女孩聊了很多。小薇告诉这个女孩，她远远比自己想象的优秀，虽然她汉语基础差，但是自己会永远站在她身边支持她。

经过小薇的帮助，女孩渐渐走出了阴霾，变得更加自信起来。她先是自己练习演讲，然后逐渐可以在小组中演讲，最后她终于可以站在全班同学面前自如地演讲了！她希望用自己的声音告诉更多的人自己的经历。最后，女孩在演讲比赛中获得了一等奖，赢得了阵阵掌声。

坦然面对这一切

小薇帮女孩分析了讲汉语时的种种细节，让她觉得自己的汉语并非"一无是处"。女孩很快也意识到自己是有力量、有能力学好汉语的。她从开始的不敢和别人说汉语，到最后获得演讲比赛一等奖，自然离不开小薇的帮助，但她与自己的"和解"也十分重要。她不断地告诉自己，自己就像是小薇说的那样也有优秀之处，也可以讲好汉语。当女孩不再害怕，坦然地面对一切事情的时候，她就已经成功了一半。

自我认同感的缺失

埃里克森的心理研究表明，个体对自己的整体评价都是不尽相同的，他认为这些不同可以称为"自我认同感"差异。以下是自我认同感低的人的两大心理特征。

"我不配。" 自我认同感低的人经常会有一种极端的"我不配"心理，缺乏应有的自信。在这种"我不配"的误区里，他们往往接受不了自己对成功的"期许"，甚至觉得自己配不上别人的爱与信任。他们会将一切不配得到感放在自己的潜意识里，更有甚者，即便成功，也会无限怀疑自己：我真的配得到吗？

"夸我的，是真的吗？" 很多时候，自我认同感低的人往往会陷入自我怀疑中。来自外界的夸赞，在他们看来都是值得怀疑的。很多自我认同感低的人会觉得他人的夸奖只不过是客套话，并不觉得因为自己优秀别人才夸奖自己。在这种错误的认知里，他们会越来越觉得自己不够好。

自我和解小贴士

别钻牛角尖。 每个人都是一个独立的个体，有优点也有缺点，人无完人。学会坦然面对自己的劣势，也要善于发现自己的优势。你的潜力还没有被充分挖掘出来，而不是你不行、不优秀。不要陷入"我就是做不好"的牛角尖里，要发现属于你的闪光点。

无须和他人比较。 很多时候，自我认同感低的人习惯将自己与他人进行比较。但我们需要知道的是，不管是拿自己的优点还是缺点与他人过度比较都是不对的。我们的对手从来都不是他人，而是自己。如果一定要比的话，和昨天的自己比吧。

摆脱从众心理。符合大众认知和逻辑的事不一定就是正确的，从众心理在我们的日常生活中很常见。不可否认的是，从众心理存在的合理性，但也不能太在意周围人对自己的评价，这种评价的客观性在很多时候是无法保障的。听从周围人对自己的评价和期许，有时候反而会迷失自我。我们更应该做的是感受自我，而不是被别人对我们的印象所左右，从而失去自我。要记住，你先是你自己，其次是其他人眼中的自己。所以，先和自己和解吧。

第三章

讨好型人格

　　在如今这个压力与机会并存的社会中，我们为了追寻想要的事物往往会忽略自己的内心感受，过分在意他人的评价、期望和要求，而这些在很多时候都存在着不合理性。这种不合理性会让我们步入思维误区当中，认为自己是错的，是不好的，从而迫使我们讨好他人。

　　如此一来，我们就容易形成讨好型人格。拥有这种人格的人往往"抬高别人，贬低自己"，进而会对独立的自我意识造成破坏。在本章中，让我们揭开讨好型人格的面纱，引导自己重归自我吧！

什么是讨好型人格

讨好型人格是指一种因过度关注他人需求，从而忽视自我需求和感受的一种人格模式。讨好型人格的人往往会希望通过讨好的形式来获得他人认可，满足他人期待，甚至经常会出现过度友善、顺从和自我牺牲等行为。这些行为模式常常会让他们陷入极端情绪中。

我真的害怕关系破裂

小祺和朋友相处时，一直都是"避重就轻"的，他不愿意和朋友讨论自己的想法和感受，害怕对方会因为自己的感受而讨厌自己。就算是关系再好的朋友，小祺也会因害怕得罪对方而不敢说出自己的真实想法，一个人默默承受了很多。

直到遇到好朋友小贺后，小祺才开始转变。小贺一直觉得朋友之间就应该坦诚相待，一起解决问题。在与小祺的相处中，小贺发现小祺即便对某些事并不满意，也不愿意说出来。

小贺为此和小祺聊了很多。慢慢地，小祺打开了心扉。小祺逐渐明白了，如果真的关系很好的话，或是一个人真正在乎自己，那他是不会让朋友无条件迁就自己的，反而更在意朋友的感受，更不会因为朋友一时的反对而心生不满。小祺还明白了，不完美甚至不满意是朋友间的常有状态，并不需要事事"讨好"才显得真诚。

说出来，我们一起解决

小祺属于典型的讨好型人格，他害怕自己一旦表达出了对朋友的一丁点不满就会导致友谊破裂，害怕自己身边不再有朋友。

而这份压抑、不满，甚至是绝望，担心被拒绝、被否定的感受，让他不断地委屈自己，压抑情感，讨好他人。倘若一直如此，那么他想要维护的正常的关系只会越来越远，最终走向终点。

始终在讨好的人是怎样的

从不拒绝他人。讨好型人格的人经常会因害怕被拒绝、被讨厌，而从不拒绝他人。在他们的认知中，"不拒绝"就可以被默认融入一个团体或是不会与他人产生冲突。他们即便有时面对不合理的要求，也会选择压抑自己的不满，而不是拒绝。他们往往认为只有满足别人的所有要求，别人才会喜欢自己。

过于敏感。讨好型人格的人通常对他人的情绪和反应过于敏感，有些时候他们甚至会因为对方的一个眼神陷入焦虑。在与他人的交往中，他们经常会因为对方没有及时回复自己消息而陷入极度不安之中，反复思考自己是不是说错了什么；更有甚者，为了避免尴尬，习惯在别人还没有回复时，就自我解释起来。这样他们就可以在某种程度上掩饰自己的不安，可终究不过是"掩耳盗铃"罢了。

讨好型人格的十大表现	
过多考虑别人的感受	忽略自我
不喜欢麻烦别人	不会拒绝别人
想要迎合别人的期待	总是感觉自己不配
表现出怯懦和脆弱	不爱主动社交
将帮忙视为自己的责任	无处不在的愧疚感

⁄⁄ 如何自救

学会表达情绪。面对不合理的要求和不公正的待遇的时候，我们一定要将自己的感受和情绪表达出来，表明自己的态度。有时候适当的冲突是必要的，这有助于我们坚守做事的原则，把握正常关系的尺度，甚至会在一定程度上帮助我们增进关系，而不是破坏关系。

增强自我认知。讨好型人格的人很容易产生感觉自己不行或不认可自己的误区。在这种误区里，他们会慢慢放弃一些自我思考的意愿。要学会相信自己，坚持自己的想法，相信自己是有能力的。要学会说"不"，不要总是围着别人转，不要被他人的思维牵着走。

寻求他人帮助。讨好型的认知其实并不是一朝一夕产生的，往往与曾经的某些经历有关，尤其受一些"斯德哥尔摩综合征"性质的事情的影响。如果你发现自己的讨好型人格太过严重，不妨找个心理医生或者信任的朋友，看看他们能够给你什么有效的建议来打破这种不合理认知。

讨好别人不如取悦自己

我害怕一个人，所以尽力迎合

希希刚上大学的时候很迷茫，那是她第一次离开家去寄宿学校读书，在那里她一个朋友也没有。希希尽全力融入班级，于是开始迎合老师、讨好同学。她经常主动给室友带水、带饭，从不敢主动要一分钱，有时候就自己垫钱。

她不敢拒绝室友的要求，因为她担心一旦拒绝，室友就会"抛弃"她，而她又会回归一个人的孤单中。她害怕自己因"不合群"而被当成另类，所以总是通过各种方式来讨好自己的室友。

等希希进入职场后，这种状态延续到她和同事的关系中。她还是通过讨好同事来维护自己在公司中的老好人形象。结果，一些同事将她的讨好视为软弱，经常将工作中出现的问题归责于她，将本不属于她的工作推给她。希希就这样在被频繁指责和繁重的工作中撑了整整一年，最终陷入了抑郁状态。

孤独的我，装得好累

希希的心中有太多不确定、担忧甚至绝望。她惧怕一切可能出现的不确定性关系危机，在与人交往中找不到方向，只能靠着跟随、讨好他人的方式来获取关注，尽力跟上大部分人的步伐。然而希希采用了错误的方式，将"讨好别人"与"合群"混为一谈，结果导致自己处处受制于人。希希在心理医生的帮助下，决定暂时休息，独处一段时间，去感受自己真正想要什么，真正拥有什么。经过一段时间的调整，她终于能够自信满满地重返职场。

努力尝试融入，值得吗

缺乏自信。讨好型人格的人会在一定程度上缺乏自信，他们通常会依赖他人的决定和意见，对自己的能力极度不认可，更不敢相信和坚持自我判断，只关心他人的感受，迎合他人的要求。

极度渴望被接纳。讨好型人格的人常常会因为害怕孤独、寂寞等，产生较强的不安全感。而在这种极度的不安全感中，最需要的正是被接纳。他们对"接纳"极度敏感，将很多细节放大，甚至会把别人的一句拒绝的话、一个不经意的眼神解读成自己被排斥了。所以，讨好型人格的人通常想要通过讨好他人的方式获得虚假的被接纳感。

害怕发生冲突。讨好型人格的人自然习惯于避免正面的冲突，他们试图回避冲突，逃离争吵，以达到一种表面上的和谐。他们往往选择独自受委屈和承受一切，一旦与别人有冲突，冲突本身和冲突的结果都会让他们感到焦虑。

取悦自己，让环境适应你

推翻讨好认知。推翻自己原来的认知和人际关系假设。当你害怕自己因为不迎合他人做某件事就不被喜欢，思考一下这样做真的会导致自己想象中的灾难场景吗？为什么不去试一试呢？你会发现每个人都是独立的个体，当你意识到这一点的时候，或许就已经改变了。

和平等待己的人在一起。讨好型人格的人往往会认为所有的爱都是有条件的，"如果不去讨好就没有人会关心我、爱我！所以，我需要讨好所有人来得到认可和关爱"。但一定要知道，真正在乎你的人或愿意陪伴你、爱你的人是不需要你刻意讨好的，相反，你的刻意讨好会让他们感觉你对他们"见外"，而没有真心对待他们。要和不需要讨好的人交往，和真诚对待自己的人交往，逐渐改变与人相处的思维模式。

享受独处。学会与自我相处，与自我和解。与自己相处的同时，感受内心，享受当下。独处状态下的你，或许会发挥出真正的潜力，并认识到真实、深层的自我！

不要被他人的"认可"左右

为什么所有人都不喜欢我?

小岩是一位即将硕士研究生毕业的学生。三年前的小岩刚刚本科毕业，因为找不到工作选择了读研。研究生毕业后，就业环境更加复杂，小岩还是找不到理想的工作，于是做起了网络主播，做起了知识博主。她希望通过自己的方式告诉大家，人生的旷野一直都在脚下。

但有一些人始终觉得小岩做主播不过是故作姿态罢了。"光讲道理有什么用呢？又解决不了问题！""旷野在哪儿呢？从来就没有旷野！""你自己连工作都找不到，谈什么人生旷野。"在小岩的视频下面有很多这样的负面评价，还有的直接开骂。小岩陷入了迷茫之中，她只是想要帮助和她一样的人，可为什么大家都在骂自己，自己真的错了吗？

✎ 想要被认可，是错吗

在如今极其复杂的网络环境下，"网暴"已经成为一个复杂且严重的社会现象，尤其在直播这样的开放环境下，一些网友带有攻击性的表达比较常见。只是小岩太在意外界的看法了。小岩希望通过用自己的方式传播知识来获得大家的认可。之前本科毕业后找不到工作，选择通过读研逃避压力的小岩已经很脆弱了，如今好不容易鼓起勇气做起知识博主，反而再次陷了同样的旋涡中，而且还饱受"网暴"之苦。

不管是找不到工作，还是铺天盖地的"网暴"，都让小岩一次次地怀疑自己。她一次次地在心底问自己，自己真的错了吗？自己真的得不到认可吗？小岩甚至觉得没有人会理解自己，更没有人会认可自己。

大众的评价，对我来说很重要

很多网红和公众人物都希望得到正面评价，这些评价会帮助他们获得自我满足。与此同时，网络本身已经成为许多人的"职业平台"，所有人都期待正面的评价。没有人不在意外界的声音，只是有些人能够理性看待外界的评价，从那些负面评价中有选择地接受并听取建议，有些人却因为这些评价而自我怀疑。

希望得到所有人认可。我们需要明白，无论我们怎么做，都不可能让所有人的满意，也不需要为此而刻意去讨好和迎合所有人。讨好型人格的人在潜意识中想要得到所有人的认可，但置身于网络这样的开放环境中，要达到这一点显然更加不现实。比如小岩，其实他讲述的科普知识浅显易懂，赢得了很多人欢迎，只是他非常诚实，讲述了自己的学习和找工作的经历，于是被一些网友放大、攻击。小岩应该不必期待所有观众的正面评价，而是应该更加关注自己的直播质量。

如果我讨好你，你或许就会喜欢我。讨好型人格的人大概率都有一个错误认知——如果我讨好你，你或许就会喜欢我！你没有办法拒绝喜欢我！我都已经这样了，你看到我的作为就不会讨厌我，离开我了！

在这种思维模式下，很多人会陷入自我怀疑中。原因在于，如果你遇到的恰好是因为你的刻意讨好而远离你的人，你自然会感到绝望。小岩讲述自己学习和求职的经历，本意就是想通过展示这段真实经历来获得粉丝的好感，没想到却适得其反。

放下错误认知，去做真正对的事

积极自我对话。心理学中有一个概念叫作"自我对话"，在自我对话中你可以选择担当任何角色，与真实的自己展开对话，通过不同的人物视角聊一聊自己此刻正经历的事情或自己的所思所想。

不过，在自我对话中也一定会出现对自己的负面评价或直接的批判。当出现这些批判的声音时，不要试图去改变它，而是可以试着用另一个声音来告诉自己：你不是你想象的那个样子，你有足够的能力解决问题和处理情绪。

丢掉讨好的目的。当你丢掉讨好的目的去看待自己所做的事情时，你就能以更加平和的心态和更理性的态度去处理问题。当你试图放下想要得到所有人认可的想法后，顺其自然，或许就会在一定程度上打破讨好型思维，不再想要通过讨好的方式寻求关注。

只有内心强大，才不会被人欺负

为什么被欺负的是我？

小倩是刚毕业的大学生，初入职场，她觉得自己好像拒绝不了别人，尤其是同事的求助。她敏感多疑，总担心同事和领导不喜欢自己。小倩后来发现，一些同事甚至利用她不懂拒绝的性格而欺负她，给她最繁重的工作，甚至对她性骚扰。小倩为此十分痛苦，陷入焦虑和抑郁中到了不可控的地步，甚至会出现自残行为。

她看着如今的自己不禁感到疑惑：我怎么就这样了？后来，小倩在心理咨询中找到了答案。在咨询中，小倩讲述了自己的童年经历，原来小时候的她遭受过校园霸凌，这些经历已经在不经意间深深影响了她的性格。

小倩在心理咨询师面前不止一次发问："为什么被欺负的是我？遭受一切的是我？"在心理咨询师的帮助下，小倩发现自己的内心不够强大，在与那些欺负她的人对峙时，甚至拿不出应有的勇气。心理咨询师告诉她，在如今的法治社会下，我们有保护自己的强大后盾，要先给自己足够的对抗欺凌者的信心。那些人很多时候不过是"看人下菜碟"罢了。

你为什么总被欺负

小倩童年时所经历的霸凌严重影响着她的生活，只是她从没意识到而已。小倩小时候面对霸凌，每一次都选择忍气吞声，甚至跪地求饶。当时小倩就曾问自己：我做错了什么？为什么他们这么讨厌我？然而由于种种原因，她未能获得应有的帮助，那些霸凌者反而更加肆无忌惮。最终小倩在这样的环境中长大，当新的"职场霸凌"到来时，她再次陷入孤独无助的状态。

优先处理他人需求。讨好型人格的人永远都是将自己的需求放在后面，优先处理他人需求。即便自己已经很不方便了，还是担心自己拒绝会让对方讨厌自己。可越是这样，就越容易被欺负。而受欺负的人不会拒绝，反而会助长霸凌者的霸凌行径，因为在他们眼中，自己所做的一切"心安理得"。而对于被霸凌者来说，即便再讨厌他们，但是由于失去了反抗的勇气，不仅不会拒绝他们，甚至还会讨好他们。

没有人帮助我。讨好型人格的人，很多时候在潜意识里觉得没有人会帮他们。因为孤立无援，因为没有后盾，所以他们选择隐忍。有一部分讨好型人格的形成源于原生家庭的不重视、不支持。这些不支持、不重视成为压倒他们的最后一根稻草，同时也是使他们形成讨好型人格的最主要的原因。

走出阴霾，重获新生

正视你的讨好行为。积极心理学家乔纳森·海特曾说过："我们的自我存在两个部分，一个是理性的，一个是感性的。理性的部分就像是一个骑象人，感性的部分就像一头大象，骑象人试图控制大象，但往往大象有自己的方式。"

讨好型人格的人一般情况下会控制自己感性的思维，就像是骑象人控制大象一样，可大象的力量是无穷的，这样做往往是徒劳的。骑象人正确引导大象时，才会让它变得更加温顺、更加听话。这也就是说，我们需要正视自己的讨好行为，让理性思维引导自己的讨好行为，以此来逐渐消除那些倾向于讨好的感性思维。

学会说"不"。拒绝是很重要的，如果不愿意，就拒绝吧！学会拒绝是应当的，也是必需的，不要为了别人而委屈自己。如果你觉得拒绝很困难的话，可以先尝试仔细想想：我真的方便吗？如果不帮他，他自己能不能解决？如果帮了他，我会得到什么？如果我做错了，被指责的会不会是我？当你尝试问自己一些类似的问题时，你就会发现，自己得到的答案往往都是"没必要帮他"。你也可以试着向对方阐明自己拒绝的理由。

远离消耗你的人

在绝望中涅槃

　　小云最近换了个新工作，但是在新的环境中她经常被人际关系困扰。小云不明白为什么这家公司的同事要搞小团体，市场部的同事和产品部的同事斗得不可开交，市场部指责产品部的产品垃圾，产品部指责市场部都是一群不懂推广的懒人；甚至同一个部门内，同事之间也都心怀鬼胎。

　　小云向来处理不好如此复杂的人际关系，由于从不"站队"，她也就没有"朋友"。虽然小云知道职场讲求利益，可她仍像皮球一样被踢来踢去。为此，她真的很绝望。

　　小云实在受不了了，于是和朋友诉苦。朋友告诉小云，做好自己分内的事就够了，别关注那些逼你"站队"的人。小云听后顿时醍醐灌顶，开始专注工作，让领导发现自己的闪光点，很快她便升职加薪，那些同事这时候主动围绕在她身旁，她再也不需要迎合他们。

通往涅槃的路

　　小云开始忽视周围环境的时候，她已经完成了自我意义上的涅槃。曾经的小云接受不了自己像只皮球一样，谁来了都要踢一脚，就算是再了解职场，也接受不了这种事。小云不是不会独处，只是在独处中也会因为不合群而被欺负。久而久之，小云崩溃了。小云意识到这一点后，开始尝试自救，只关注自己，远离那些无谓的内耗。她慢慢发现，关注自己远远比耗在无意义的钩心斗角上要好得多。

职场里，要不要讨好别人

委屈自己来"站队"。在团队中，讨好型人格的人很多时候都不敢表达自己的态度和情绪。在他们看来，根本没有人会在意自己的情绪，更害怕自己因不属于任何团体而受到欺负，因此他们会通过讨好某个团体而获得所谓的安全感。但是由于实际上自己对这种"站队"并没有控制力，他们往往成为那个被别的团体针对的人。

远离那些消耗你的人。委屈自己来"站队"，其实是通过讨好让自己融入所谓的某团体，但实际上别人很可能不会在意你。每当团体间的"斗争"加剧，你往往会被推出去，成为"炮灰"。与其在这样的讨好中让别人消耗自己，不如将自己锻炼成真正的"大炮"。

想不讨好，该怎么办

先从了解自己开始。我们可以从心理层面改变，先从了解自己开始，探讨自己形成讨好型人格的主要原因：是因自我价值感或自我认同感低，还是因童年某一段已经忘记的经历导致的？找到根源，然后再对症下药。

做真正强大的自己。我们要知道，越是一味地讨好越证明你不重要，越容易被抛弃。真正不可替代的应该是强大的自我。学会爱自己，尽量不要试图从他人的目光中寻求认同。这种认同很多时候并不能证明什么，但往往会消耗你的精力。只有真正关注自己，只有让自己足够强大、有控制力，才是最重要的。

第四章

高敏感人格

高敏感是一把双刃剑。敏感的特质可以帮助我们找到自己的天赋。在这些天赋的帮助下，我们可以自由地表达自我，并从焦虑、抑郁、极端敏感中脱离出来。然而，完全沉浸在高敏感之中，只会让自己深陷泥潭，无法自拔。

所以，我们需要的是恰到好处的高敏感，如果发现自己沉浸在"沼泽"中，也可以试着拉自己出来。这一章，让我们走近高敏感这把双刃剑，了解高敏感是如何形成的，并学会控制和利用这把双刃剑！

什么是高敏感人格

高敏感人格是现代社会中一种常见的人格类型，它是由多种因素导致的，大体可分为生理性和心理性两大类。

生理性高敏感是由于先天的脑内杏仁核较为活跃。拥有这种生理特征的人群，往往会对刺眼的光线或突如其来的尖锐声音等刺激源产生异于常人的感觉，从而出现过度反应。这类人更容易感知他人忽略的细节。他们受这种生理性因素的影响而易受惊，从而陷入紧张、焦虑之中。

心理性高敏感是受环境、压力、经历等后天因素的影响，一般是由较为严重的童年创伤或长期的精神压力导致，这类人容易陷入精神内耗中无法自拔。

我感受这世间一切的美好与敏感

电影《阿凡达：水之道》中有这样一个女孩，她叫琪莉。琪莉不喜欢社交，小时候就表现出异于常人的敏感、安静。到礁石部落后，她一开始因为周围人的眼光而感到慌乱、不安，甚至是惊恐……

琪莉虽然不擅长与人打交道，但对自然界的一切事物的感受都极深。她喜欢聆听大自然的声音，亲近周遭的一切美好事物，仿佛深处自然之中才能获得心灵上的慰藉。琪莉喜欢一个人躺在草丛间享受独处和冥想时光，这种时候与自然的相连才能让她感受到真实自我的存在。

现实生活中，高敏感人群的表现和琪莉十分相似，他们更关注自我，对周围的事物十分敏感，但也有一些人因为过于敏感而陷入内耗与痛苦之中。

专注自我，感知美好

琪莉这个角色是高敏感人群的一个典型例子。她对外界事物有着较强的感知力，但是过于敏感在一定程度上也让她不知所措，这种不知所措其实是源自对身边事物变化的不安和焦虑。

当琪莉开始关注自己，她就会发现其实自己不擅长融入的是这个世界中的一部分，而不是整个世界。一个躺在草丛间享受大自然的人，一定是很爱这个世界的。

高敏感人群有哪些表现

沉溺于幻想，无法自拔。高敏感的人往往拥有极丰富的内心世界，但其内心世界是无法被其他人完全理解的。他们很多时候常常和自己对话，有着属于自己的理解周围事物的逻辑，从自己的角度理解自己、感受自己。

惧怕别人的批评。高敏感的人一般害怕来自外界的声音，进一步说，他们更惧怕的是批评，而不是那些好的评价。他们希望得到别人的认可和尊重，而高评价会让他们的自尊心得到满足。

对改变心怀恐惧。高敏感的人一般很难改变，觉得与其改变现状，不如像条咸鱼一样漂在水上。但高敏感的人又不甘于做咸鱼，他们只是不敢改变、惧怕改变。在这种恐惧下，即使很多时候积极的改变机会摆在他们眼前，他们也没有勇气去尝试。

喜欢独处。高敏感的人更喜欢独处，在他们的意识里，在自己的世界中会更安全一些。所以他们经常会在社交时留出独处的空间，享受独处时光。在安静舒适的环境里，高敏感的人也能脱离内心的敏感和不安。

超强的洞察力
超强的共情能力
超强的创造力
超强的细节感知力
超强的谨慎度

VS

太敏感
太"玻璃心"
太矫情
想太多

高敏感人格的表现

不要让高敏感影响日常生活

关注自己的内心感受。 高敏感的人心底往往蕴藏着一个小宇宙，他们在这个小宇宙里不愿被他人打扰，可又希望获得别人的共鸣。然而，一旦在高敏感情绪中深陷，那么很可能会对你的心理造成不良影响。这时候你可以放松自己，先让自己慢慢回归平静，让思绪放缓、沉淀。试着问问自己，真正想要的是什么？现在的感受是什么？不要被外界因素干扰，听从自己内心的声音。

寻找适合自己的生活方式。 寻找一个自己喜欢的、舒适的环境生活，在自己的小天地中做自己，感受自己，成为自己。这个小天地可以是一座山或是乡下的一间小房子，也可以是高楼大厦间专属于你的一片天地，可以沉浸其中，听听歌，练练字。

练习冥想。 你可以通过冥想的方式让自己脱离高敏感带来的焦虑，享受美好。如果在忙碌的生活中找不到这样一片宁静的空间，那么可以用冥想的方式找到那片属于自己的内心世界。在冥想中，你可以创建任何自己喜欢的地方，自由呼吸，放下高敏感带来的负面情绪。不要在意你的思绪飘向何方，仅仅感受它就够了。

高敏感来自何处

区别对待让我怀疑自己

　　小琳刚上小学就遭到老师的区别对待，她每天都在自我怀疑里度过。她怀疑自己是不是哪一点让老师讨厌了，是不是说错了话，是不是自己太笨……可惜那时的小琳才七八岁，她什么也不知道，也不敢说。

　　有一次小琳回家后脸上还挂着泪滴，家人才知道小琳和同学起了冲突，遭到了老师的指责，父母也不问青红皂白地继续骂了小琳一通，最后事情越闹越大。虽然后来父母和老师发现自己错了，但并未向小琳做出解释和道歉。从此之后，小琳深陷自我怀疑中，总是觉得自己这也做得不对，那也做得不好，惹到老师，惹到父母……

　　就这样，小琳在指责中度过了童年，在不断地自己怀疑中变得越来越敏感，形成了高敏感人格。如今她早已走向社会，走上工作岗位，但是她还是经常事事敏感，也因此麻烦不断。

是什么让你变得敏感多疑

　　小琳的情况是高敏感人格形成的一个典型例子，童年的经历、老师与家人的指责让小琳一步步变得敏感多疑。小琳做每一件事之前都会先否定自己一番，然后再做。即便成功了，她也会充满疑虑。

如果当时小琳的父母能够好好地问问她具体发生了什么，陪她一起面对，可能小琳就不会因为总是感觉孤立无援而变成如今的样子了。

高敏感的来源有哪些

不美满的原生家庭。造成高敏感的原因很多，但一般都和原生家庭有关。许多高敏感的人都有着一段并不快乐的童年，童年中的不幸经历和不被关爱导致他们被忽视。据研究表明，童年时期的"情感忽视"是导致高敏感的一个重要原因。

"我不重要"的心理误区。高敏感的人可能会因为过往经历陷入"我没有那么重要""我是不是不好""我很差"等误区中。在他们心中，自己的需要往往是不被重视的，甚至会觉得自己是别人的负担，会影响他人、拖累他人。因此，他们特别在意别人对自己的看法，因此也变得十分敏感。

高敏感的人要怎么改变自己

自我察觉。高敏感的人需要拥有自己的空间进行自我察觉，在察觉中与自己对话，感受周围的世界和人，感受自我，试着恢复更加平和的心态和理性认知。

做点放松自我的事情。高敏感的人需要在工作和生活中找到一个自己的平衡点，最好不要总是让自己陷入工作细节、与朋友的关系等这类容易让自己内耗的事情里。你可以找一点自己喜欢的活动放松一下，比如给自己做顿饭，浇花养鸟，读书写作……只要你认为是幸福的、可以让自己不再焦虑的事情就是有意义的。

利用高敏感的优势。瑞士心理学家荣格曾说过："高度敏感可以极大地丰富我们的人格特点。"高敏感很多时候是感知世界的一种优势，高敏感人群更擅长倾听、陪伴，因此无须对"高敏感"过于担忧。高敏感的人可以试着发挥"高敏感"带给自己的超强的洞察力、创造力。

高敏感是一把双刃剑

我是搞创作的，自己却陷进去了

姜哥是一位知名音乐人，从初中开始，他就开始自己创作，写了不少歌词。那时的姜哥才华横溢，充满自信。

后来，姜哥成为一名音乐人，他本以为会在自己擅长的领域发光发热，可是结果并不如意，还让自己陷入旋涡里。姜哥慢慢发现自己想写的题材并不受欢迎，他必须迎合市场，创作一些"口水歌"提升知名度，可这并不是姜哥想要的。姜哥一直清楚自己想要的究竟是什么，不是苦情歌，更不是"口水歌"。姜哥和自己的粉丝说："我想要给世界讲个道理，但世界不听。"姜哥是一位善于思考的人，对沉思很敏感，小到柴米油盐，大到价值观、信仰……可姜哥终是陷入高敏感中无法自拔。

好在后来，姜哥的音乐被大家渐渐接受，正是因为敏感，他才创作出了诗一般深邃而启发人的歌词。姜哥依旧敏感，但此刻的敏感成了他创作的好帮手。

高敏感并非缺陷

姜哥是一位才华横溢的创作人、音乐人，也是典型的高敏感人格。姜哥一直觉得迎合市场的作品是自己厌恶的，可他身不由己，为了提高知名度他只能如此。为此姜哥也时常陷入自我怀疑中：创作这些歌真的有意义吗？自己是有信仰的，更知道自己是要干什么的……

好在姜哥的"高敏感"在一定程度上帮他缔造了成功，他诗一般的音乐、发人深省的歌词引发了许多人的共鸣，指引着和他相似的处在低谷中的粉丝。当姜哥写下"我欣然接受你"的时候，他就已经学会了如何与自己相处。

高敏感是把双刃剑

正如前文所说，高敏感既能带来超强的洞察力、创造力等优势，也会造成太矫情、瞻前顾后等缺点。就像姜哥一样，适度的敏感可以让他更好地创作，生活中的诸多感受最后会变成很好的素材。可一个人如果长时间沉浸在高敏感之中，就会陷入高敏感带来的心理壁垒中，最后导致心理上和生理上的双重问题。所以，我们应该适当地调动高敏感，让它帮助自己创作成功。

创作欲"爆表"。对于创作者来说，高敏感度是很重要的。很多作家、音乐人、画家都是高敏感人格，他们可以在敏感中抓住细节，调动情绪的丝线进行创作，其很多作品都是沉浸在情绪中完成的。有些人还会试图通过各种方式将自己拽入所要表达的情绪和认知当中进行创作。而高敏感，正是他们的工具。

你的敏感，从来不是错。高敏感的人一般内心都是极为敏感的，他们更习惯也更希望表达自我，向他人输送价值观，或是表达情绪，只不过每个人表达的方式不同。如果让高敏感人群持续处在敏感、紧张、焦虑状态，而不及时输出的话，那么他们很可能会痛苦、绝望，甚至会走向深渊，无法脱离……

让适当的敏感帮助我们

更好地处理人际关系。高敏感的人擅长倾听、理解和安慰他人。很多时候他们愿意付出更多的情感倾听、感受，与人交朋友。他们更容易感知世界的美好。他们其实很坦诚，只要抽丝剥茧，就会发现其美好的一面。高敏感的人完全可以运用自己的坦诚处理好人际关系。

更好地表达情绪。深陷高敏感中不可自拔的人，没办法很快地脱离负面情绪，深陷于自己的高敏感所构建的自我世界中。他们会觉得没有人理解自己。在这种情绪当中，不妨换种方式，用冥想或创作等方式将自己带离此情此景。冥想能带给你平静，创作是你抒发自我的窗口，许多情绪、感受都可以通过创作表达出来。当然，如果你不会创作也没关系，找到一个合适的方式，比如呐喊也是很好的方法。

停止内耗，扔掉无意义的敏感

我在恐慌中陷入内耗

小凉是一位即将毕业的大学生，她因找工作被深深困扰。小凉每一次求职要么石沉大海、杳无音讯，要么就被婉言拒绝。小凉面试时太紧张了，她即便再强装镇定，说话时也会发颤，面试官都将这些看在了眼里。

在发颤的声音背后，小凉藏在办公桌下的腿其实也是抖的。小凉太重视面试了，也太想要一份工作了，她害怕自己被淘汰，害怕和面试官的想法不一致……即便是讨厌的工作，只要跟自己的专业沾一点儿边，小凉也要去试试。她经常是一整天都顾不上吃饭去面试，一个接一个公司地跑……然而最后还是没有找到一份合适的工作。直到身体出了问题去医院时，她才意识到这种紧张、焦虑已经不是简单的问题了。

失败后引发的心理负担

小凉的情况属于严重的高敏感，只是她从未意识到罢了。直到心理问题直接影响身体健康，她才知道自己原来不是单纯害怕面试这件事，一系列面试失败后引发的心理负担更为严重。

小凉一直因为面试失败耿耿于怀，认为自己很差，与社会脱节了。可事实并不是这样，她只是暂时没有找到工作，而不是人生停滞。小凉认识到这一点，面试之旅就会更顺利一些。

你为什么内耗

在心理学中，有一个概念叫"内耗型人格"，拥有这种人格的人往往心中充满负能量而无法自拔。一般情况下，内耗型人格和高敏感人格会被放在一起探讨，这两者之间有很强的关联性。

过度解读他人的行为和语言。容易内耗的人很多时候都会极度敏感。人在高敏感情况下，很容易过度解读他人的行为和话语。其实对方所表达的并不是你理解的那个意思，不过是言者无意，听者有心。

厌恶自己。内耗型人格的人往往具有一定的完美主义倾向，如果他们达不到自己的要求，就会陷入内耗，紧接着会不断地自我批评，甚至厌恶自己。

自我消化情绪。内耗的人通常比较内向，他们不擅长与他人交流，或是觉得没人能理解自己，所以不和他人交流自己的情感。也有一部分人不想让自己复杂的情绪影响到他人，所以远离他人，自己承担一切情绪和事情。

受外界因素影响。有些内耗的人非常容易受到外界环境影响。可能某一天天气不好，下雨了，都会让他们非常不开心，觉得就连天空也在哭泣。在他们的认知中，下雨本身就是令人压抑、沮丧的。

怎样杜绝内耗

远离消极情绪。很多情况下，你陷入内耗是因为消极情绪太多、太杂，到了无法化解的地步。可以试着学会放下部分消极情绪，感受生活中积极的方面。不要沉溺于不顺的事情，将注意力转移到美好的、积极的事情上。如果过于内耗，可以尝试转移注意力（比如听音乐、看书），以释放自己的焦虑情绪，或者在冥想中放空自己。

　　行动起来。缓解焦虑的最好的办法就是行动起来。你可以制订一份可执行的计划，目标不用太高，也没必要一定完成，只是列出来适量完成即可。如果对自己完成的情况满意，还可以给自己设置奖励，让自己更好地坚持下去。切记，计划不是目的，只是行动和改变的第一步。

停止纠结，用敏感创造价值

我的敏感，也能助我！

欣欣从小就是一个内心敏感的孩子，长大后她对研究人的心理产生了巨大兴趣。上大学时，她就选择了自己最心仪的心理学。她在上专业课时意识到自己"理解人心"的高敏感并没有发挥出实际的作用，好像自己再能理解他人也没有价值和意义。欣欣与老师探讨了课上所学的知识和自己的优势，在老师的建议下开始利用自己的高敏感优势进行创作。

她开始做自媒体账号，希望通过自己的专业知识帮助别人。她精辟而有说服力的心理分析很快就赢得了粉丝们的认可，甚至被粉丝们亲切地称为"算心者"。欣欣看到自己可以为粉丝们解疑释惑，自己也不再纠结，不再内耗，逐渐发现了自己的价值，更实现了自己的价值。

我创造我的价值

欣欣通过运营自媒体账号的形式，逐渐摆脱纠结和高敏感。她对自己的情绪和行为是有一定觉察能力的，也愿意面对自己的问题，有寻求改变的意愿和动力。欣欣利用自己的高敏感和专业知识创办自媒体账号的同时，找到了自己的价值和意义，这对她的自我成长和心理健康都有着巨大帮助。

适度敏感 = 价值

敏感带来的创造力。高敏感的人往往能从不同角度看待问题，关注他人忽略的甚至是不愿关注的细节。因此他们常能凭借自己超强的创造力，创作出丰富的作品，处理好各种事情。这种优势源自他们内心深处的丰富的情感，源自他们能够更细致地看待事物。

思考与反思。高敏感的人经常会在不经意间深入分析自己和他人的行为和动机，不断进行自我剖析。他们在对自我的剖析中逐渐成长，不断反思。他们进行自我反思时，其实也会帮助他们更加理解他人的处境和需求，更好地与他人相处，让自己更受欢迎。

怎么让敏感为我所用

释放情绪。不要让情绪掌控自己，也不要试图压抑情绪。你在压抑情绪的同时其实已经被情绪掌控了。当你觉得焦虑、难过甚至是绝望的时候，要将情绪表达出来，如果无人可以倾诉，可以通过创作、出游等方式释放。当你慢慢释放情绪时，也就平和了，而此刻的高敏感依旧能为你所用。

相信自己很优秀。很多高敏感的人由于过多思虑反而觉得自己一文不值，其实敏感正是你的优势，是你的养料。土地需要养料让自己变得更肥沃，养料也需要土地来发挥自己的价值。不妨让敏感将你养成一棵"参天大树"！

第五章

社交恐惧型人格

社交恐惧症是一种心理疾病，主要表现为在社交场合或与人打交道时，出现显著而持久的害怕、焦虑，感到尴尬、害怕丢脸等行为举止。许多时候我们明知这种恐惧反应是过分的、不合理的，但仍反复出现，难以控制。

社交恐惧症会对我们的日常生活产生严重影响，导致我们难以建立和维护良好的人际关系，进而影响工作，降低生活质量。本章，我们会深入剖析社交恐惧型人格，并探讨如何克服社交恐惧，在自己的社交领域进退自如。

什么是社交恐惧型人格

我在社交中不需要恐惧

在繁忙的城市里，小玲总是显得格格不入。每当聚会或团队活动时，她总是默默地坐在角落，尽量避免与人交谈。她害怕被别人注视，害怕自己的言行会引来他人的嘲笑或排斥。

一次，公司组织团建活动，小玲虽然内心忐忑，但还是鼓足勇气参加了。活动中，她尽量让自己显得自然，但每当有人的目光投向她时，她都会立刻低下头，心跳加速。但随着时间的推移，小玲发现周围的同事并没有嘲笑她，反而对她很友善。在一次团队合作中，她鼓起勇气提出了自己的想法，没想到得到了大家的认可和赞赏。

从自我封闭到拥抱世界

小玲因为社交恐惧症，最初在公司显得十分"透明"，遇到困难也只能自己想办法。这一切都源自她对自我形象的过度关注，担心自己的言行不符合他人的期望或标准，害怕引来别人的嘲笑或排斥。

然而，从选择参加公司团建的那一刻起，小玲迈出了主动社交的重要一步，开始尝试面对自己的恐惧。在活动中，小玲发现同事们并没有嘲笑她的意思，反而对她很友善。这个发现打破了她的负面预期，为她提供了积极的社交期待。从那以后，小玲开始转变。在团队合作中，小玲大胆地提出了自己的想法，获得了大家的认可。这让她意识到，自己的恐惧可能只是自己给自己设置的障碍，而不是真实存在的威胁，从此她逐渐融入集体。

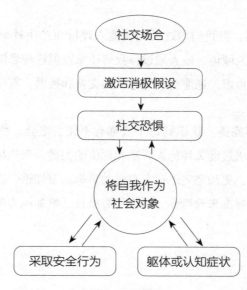

社交恐惧认知模型

社交恐惧的阴影

自我封闭，越陷越深。患有社交恐惧症的人由于害怕与他人交往，可能会逐渐变得自我封闭，减少与他人的交流和互动。他们在聚会、会议、演讲等社交场合中感到极度紧张和恐惧，担心自己的表现会被他人嘲笑或否定。为了避免社交场合的尴尬和不安，他们往往会选择回避或拒绝参加各种社交活动。如此一来，就形成自我封闭的恶性循环。

过度关注他人评价。社交恐惧症患者常常会过度关注他人对自己的看法和评价，担心自己的言行举止遭到他人的批评。长此以往，他们的自信心会受到打击，他们会认为自己无法胜任某些任务或无法获得他人的认可，甚至出现焦虑、抑郁等心理问题。

寻找勇气，重塑人生

释放你的恐惧。当我们因过度担忧他人评价而产生社交恐惧时，可以选择向亲近或信赖的人倾诉，或者通过自我解压来宣泄这种恐惧。这样做不仅能缓解内心的紧张和焦虑，还能得到身边人的支持和帮助，有助于我们更好地理解和克服这种恐惧。

接受自己的不完美。认识到每个人都有不完美之处，你也不例外。接受自己的不完美是克服过度关注他人看法和评价的关键。当你接受自己的不完美时，你会更加自信，更加坚定地追求自己的目标。要知道，在社交中，别人也并非以"完美"的标准来看待你，所以何必给自己增加压力呢？

害怕社交，又害怕被抛弃

被遗忘的勇气

吴岩是一位网络工程师，性格内向。他的儿子小志，在学校也不敢与人交往，但内心渴望与人交流。小志害怕被嘲笑，所以常常孤身一人。一次户外活动中，老师组织了一个了解同伴的游戏。小志的组员对他不太了解，但小志对他们了解很多。游戏过程中，大家发现小志其实非常关心他们，只是缺少勇气。

这次经历改变了小志，同学们开始邀请他参与各种活动，并给予他支持。小志变得更加自信和开朗，成了班级的焦点。他的变化也让父亲吴岩感到惊喜和高兴。小志的故事告诉我们，每个人都有被人了解和接纳的渴望，只是有时需要一点勇气迈出第一步。

与人交往，想而不敢

早在 19 世纪 60 年代中期，人们就已经关注到社交恐惧症。有研究显示，这类症状通常始于童年或青春期，发病年龄的中位数在 10 岁左右。小志就有潜在的社交恐惧症，他内心十分矛盾，既想与别人交朋友，又害怕被别人嘲笑、抛弃。

直到他参加完学校活动，发现身边人对他并没有恶意，发现大家如此欢迎他的加入。在这一刻，小志完成了蜕变，他不再对与同学交往而感到恐惧，开始主动与别人接触，寻找自己身上的闪光点。

害怕社交，害怕被抛弃

没有归属感。 产生社交恐惧的很大一部分原因在于担心在社交中被抛弃。这种恐惧源于社会性动物的基本需求——归属感。根据马斯洛的需求层次理论，归属和爱的需求处于个体基本需求的第二层级，是非常基础而广泛的需求。这意味着每个人都渴望与他人建立稳定、亲密的关系，而担心被排斥或抛弃。

亲身经历导致的恐惧。 在心理学上，对被遗弃的恐惧往往深深植根于个体的早期依恋经历。例如，那些童年时期经历过父母离异、亲人去世，或是长时间与主要抚养者、与周围人分离的孩子，他们的心灵深处可能会悄然埋下害怕被遗弃的种子。这种恐惧源自人在生命早期对亲密关系和稳定性的渴望与依赖。当这些基本需求得不到满足或受到威胁时，孩子可能会在潜意识中形成对被遗弃的深刻恐惧，这种恐惧可能会伴随他们一生，影响他们的社交行为、亲密关系及心理健康。

寻求与周围的人连接

多和友善的人交往。 对于患有社交恐惧症的人来说，迈出社交的第一步往往是最困难的，多和友善的人交往有助于减轻社交恐惧的预期。友善的人往往懂得尊重别人，和这样的人交往容易获得认可，容易坦诚相待从而建立起社交自信，进而一步步克服社交恐惧症。

自己演练社交场景。 如果患有社交恐惧症，可以尝试通过自己演练社交场景的方式来做更多的社交准备，这样有助于减轻社交恐惧。在演练前，可以多观察周围人的社交场景，将自己代入其中，设想自己和别人一样自如地与人交流。

性格内向就会导致社交恐惧吗

从内向孤独到自信社交

小雷性格内向，小时候就不愿意与父母交谈，在最活泼的年龄也很少跟小朋友一起玩。等到上学后，他一心只扑在学习上，和同学、老师也很少交流，是他们眼中那种最安分的爱学习的好学生。

大学毕业后，成绩优异的小雷如愿进入了一家科研机构。尽管已经进入社会，天生内向的他还是不善于表达自己的情感。他害怕在人群中成为焦点，担心自己的言行会引来他人的嘲笑或批评。他总是独自一人在角落里默默观察。

随着时间的推移，小雷发现自己越来越害怕社交场合。每当有聚会或集体活动，他总是找借口逃避，宁愿独自待在家里。

内向者的自我突破与成长

小雷是一个典型的内向者，他的性格特质决定了他对社交场合的复杂情感。这种性格特质使得他在社交环境中较为被动，容易感到不安和焦虑。

但是随着时间的推移，小雷意识到逃避并不能解决问题，他开始尝试改变自己。这种自我认知的觉醒是他成长的关键。他通过自我反思、努力尝试和坚持不懈，成功地克服了社交恐惧，实现了自我突破和成长。然而，小雷也明白，这样并不足以真正解决问题。他开始尝试改变自己，鼓起勇气参加一些小型的社交活动。虽然一开始很困难，但随着时间的推移，小雷逐渐学会了与他人交流，他的内心也变得更加自信和坚强。

性格内向是社交恐惧的罪魁祸首吗

性格内向不等于社交恐惧。性格内向和社交恐惧是两个不同的概念，它们之间虽然存在一定的关联，但并不能简单地将性格内向等同于社交恐惧。社交恐惧是一种强烈的、持续的恐惧感，表现为在社交或表演场合中感到明显的不安、害怕和紧张。这种恐惧可能导致个体逃避社交活动，或在这些活动中感到极度不适。

导致社交恐惧的多种因素。社交恐惧的形成往往涉及多种因素，包括遗传、心理和环境因素。例如，个体可能从家庭、学校或社会环境中经历了负面的社交体验，导致他们对社交活动产生恐惧。此外，个体的性格特质、思维方式、应对策略等也可能影响社交恐惧的发展。

如何跨越社交恐惧的门槛

自我演练。如果你没有勇气在别人面前进行交谈或者进行一些正常的社交，你可以在家里进行演练，比如将桌子、椅子当作交谈对象，从而降低自己与他人交往时的紧张之感。

告别社交尴尬，从手握自信开始。其实克服社交恐惧一定要让自己有事情做，比如可以在手里拿点东西，这样就能够让自己有安全感，并且也可以避免社交尴尬。另外，在社交的过程中，一定要勇于直视别人的眼睛，这样能够让你敢于表达自己。

情绪不被理解怎么办

情绪难被理解，自我疗愈寻出路

　　小丽在经历了一天繁重的工作后，满心疲惫地回到家，希望在丈夫那里得到一些安慰。然而，当她尝试分享自己一天的劳累时，丈夫却只是轻描淡写地回应，转头又去玩手机了。

　　小丽感到十分沮丧，她觉得自己仿佛被孤立在了一个无人的角落。丈夫是那种非常勤奋但不敏感的人，在他的字典里就没有"疲惫"二字，因此他很难觉察到小丽的疲惫心理。

　　小丽知道丈夫的这种性格特点，因此决定自己去面对和调节情绪。她尝试着寻找其他途径来释放情绪，比如写便签日记、画画、折纸，或是与懂她的朋友倾诉。小丽渐渐地发现，通过画画、折纸这样的方式解压，不仅身体恢复了许多，而且情绪也逐渐好起来。而向其他人倾诉时，她发现原来这么多人跟自己感觉相似，大家通过交流逐渐释放了情绪，也更关注繁忙背后的种种收获和成就，心理也逐渐平衡起来。

自己理解自己

　　在经历情绪不被理解的困境后，小丽展现出了从依赖到独立的心理变化。

她开始更加关注自己的内心感受，学会了用自己的方式处理情绪，并在这个过程中实现了自我成长和提升。这种心理变化不仅是对自我认知的深化，也是对情感独立性的增强。

小丽的经历不仅告诉我们，当情绪不被理解时要学会自我疗愈，还启示我们，在生活中要更加关注自己的内心感受和需求。毕竟"天下独一无二，人间万般不同"，我们不能将情绪排解完全寄托在别人身上，即使最亲近的人也不可能与我们完全心意相通。

情绪不被理解时

情绪不被理解的阴影。 当情绪不被理解时，人会感到更加消极和沮丧。这种"负强化"现象会加剧原有的消极情绪，如悲伤、愤怒等。特别是对孩子而言，如果他们的恐惧和退缩心理得不到父母的理解和支持，他们可能会觉得无助和绝望，消极感会进一步增强。长期的消极感不仅影响个体的心理健康，还可能对学习和生活产生负面影响。

造就自卑的枷锁。 当我们的情绪不被理解时，可能导致我们对自己的评价过于负面，缺乏自信心。当情绪表达被忽视或误解时，我们会认为自己的感受是不被接受或不值得的，从而产生自卑心理。这种自卑心理会影响个体的社交和日常生活，使我们难以自如地表达自己的情感，甚至可能越来越自闭，出现社交障碍。

自我疗愈的秘诀

寻找合适的沟通途径。 当我们意识到自己的情绪或想法可能不被他人理解时，不要气馁或放弃。相反，我们应该积极寻找解决方法。首先，我们可以尝试调整自己的沟通方式，使其更加清晰、直接和易于理解。其次，我们可以选择那些与我们有着相似经历或文化背景的人作为听众，以增加被理解的可能性。最后，我们可以寻求专业的心理咨询或支持，以帮助我们更好地处理情绪问题并提升自我认知。

不被理解时，学会关爱自己。当我们的情绪或观点在他人眼中不被理解时，不要陷入沮丧与自我怀疑的旋涡。相反，这正是一个学会关爱自己、自我疗愈的宝贵机会。我们要认识到，理解并非总是即时的，也并非每个人都能够轻易洞悉我们内心的感受。在这种情况下，我们需要更加珍视自己，用关爱和耐心去呵护自己的心灵。

用认知行为治疗重建自我

心灵的转变

小栗一直是个内向且容易焦虑的姑娘，她不愿待在人群中，与人发生冲突时，她在第一时间选择躲避……她越来越将自己封闭起来，甚至连一个交心的闺密都没有。

一次偶然的机会，她在网上发现一个有关认知行为治疗的课程。出于好奇，她进行了学习，并在老师的推荐下，拜读了美国心理学家库尔特·考夫卡的名作《心灵的成长》。在课程中，小栗学会了如何识别并改变自己的负面思维模式。她开始记录自己的情绪和想法，尝试用更积极的视角去看待问题。

小栗通过学习，发现自己的问题并没有自己想象中那么严重，她只是太在意别人对自己的看法了，因担心听到对自己的负面评价而躲避他人。认识到这一点后，小栗决定先从自己部门的同事开始，慢慢与人多交流。和同事交流后，她才发现原来大家对做事情很细心的自己都充满好感……

从那以后，小栗变得更加开朗和自信，不再深陷无谓的担忧了。

心灵成长与自我改变

小栗在参加认知行为治疗课程后，经历了一系列心理变化，最终变得开朗和自信。小栗的转变缘于她内心的渴望和动力。她能够选择参加认知行为治疗的课程，说明她渴望改变，渴望从焦虑和社交恐惧中解脱出来。

什么是认知行为治疗

认知行为治疗是美国临床心理学家贝克于 20 世纪 60 年代创立的心理治疗方法，简称 CBT。它专注于纠正患者不合理的认知，通过调整思维、信念和行为来改善患者的情绪和生活质量。认知行为治疗在心理学界得到了广泛应用，它可以帮助患者重新评估自己，建立信心，摆脱负面的自我评价，形成更积极的心态。

认知行为治疗十分强调患者的积极参与和自我改变，主张引导患者调动自己的认知和力量，提高心理韧性和适应能力。例如，如果一个人一直"认为"自己表现得不够好，周围的人甚至连自己的父母也不喜欢他，那么他做什么事情都会没有信心，会很自卑。认知行为治疗的策略，就是首先帮助他重新构建内心的认知结构，重新评价自己，从深层心理层面改变认为自己"不好"的认知。

摆脱负面认知

识别自己的负面认知。认知行为治疗的第一步是帮助患者识别和理解自己的消极想法。这包括分析他们对事件的解释、对自身的评价和对未来的预测等。这些负面的认知包括"我很失败""我不够好""别人都不愿意跟我打交道"等。认知行为治疗从事实而不是臆想、从环境而不是结果的角度，让患者梳理对自己持有的消极评价，让患者意识到这些评价可能不是事实，从而为他们的转变提供心理支持。

重塑思维与行为。认知行为治疗鼓励患者质疑自己的扭曲认知，通过举反例、逻辑推理等方法来审视它们的真实性。在识别并找出扭曲认知后，它会进一步引导患者用更为现实、客观的想法替代这些扭曲认知，即进行认知重建。新的认知结构为患者提供了更健康和实际的处理空间，激励他们进行行为调解。

第六章

自卑型人格

自卑，是现代社会中出现的最多的一种心理状态。我们需要知道的是，每个人都有自己存在的价值和意义。然而，对于自卑型人格的人来说，他们对自己往往是不信任的，且认为自己是不重要的。

他们仿佛被无形的枷锁束缚住了，无法向前，无法迈步。这一章，让我们打破桎梏，详细分析造成自卑型人格的原因，并尝试用一些方法帮助自卑者找回自信，拥抱健康的人生！

什么是自卑型人格

自卑型人格的人通常对自己缺乏正确的认识，时常会觉得自己不行，自己还不够好、不够优秀。他们更多关注自己的缺点和不足，从而忽略了自己的长处和优点。自卑型人格的人即便再成功，也会要求自己精益求精。很多时候他们甚至会逃避现实，在没有努力的情况下不断失败，反复印证他们所说的"我不行"。

奥地利著名心理学家阿德勒说过："如果一个问题出现，某个人对此无法适应或无法解决，他在自己的意识中也承认无能为力，那么他这时表现出的就是一种自卑情结。"我们从这个定义可以看出，无论是愤怒还是泪水，只要是"无能为力"的产物，都可能是自卑情结的表现。

我担心自己配不上你

林辰是一个很优秀的人，更是一位优秀的男友。但即便如此，他还是觉得自己配不上自己的女朋友。女朋友的样貌、家境、性格都很好，这给他带来很大的压力，让他一直反复确认女友是否爱自己。为此，他的女朋友也很苦恼，她已经准备好与林辰步入婚姻殿堂，但他总是在关键时刻犹豫，这也让她怀疑林辰是否真的爱自己。

双方就这样出现了隔阂。林辰的犹豫是因为他觉得自己不够优秀，因此臆想女朋友并没有那么爱自己。其实林辰的女朋友并不是不爱他，她也非常优秀，只是工作太忙了。林辰因感觉到她的"忽视"而失去信心，甚至因此与她争吵。就这样，林辰越来越觉得自己配不上她，两个人的关系也渐行渐远……

"配不上"的自卑心理

林辰在爱情里总是觉得自己不够好，担心自己配不上爱的人，这是典型的自卑型人格。在感情里，自卑型人格的人通常会对自己的能力和魅力缺乏信心，或是觉得自己不完美，缺点很多，觉得自己配不上对方。这种"配不上"的感觉又加重了他们的自卑心理。

自卑的人是怎样的

习惯性自责。自卑的人通常会觉得自己没有能力，很多事情都做不好，出现问题总喜欢从自己身上找原因，觉得是不是因为自己不够好才导致了这种情况的发生。所以在很多时候，他们习惯认错，习惯自责，将自己看得没那么重要，担心自己给他人带来困扰。

愤怒是保护色。自卑型人格的人有时候会出现愤怒、暴躁等过激行为，这不过是一种伪装。他们表面上虚张声势、不近人情，其实仅仅是为了掩盖自己的自卑。就像林辰一样，他在自己的臆想中失去安全感，自尊心遭到破坏，这种时候看似突如其来的大发雷霆只是为了维护自尊，哪怕是自己也不相信的自尊。

如何克服自卑心理

学会认识自己。每个人都有自己的优缺点，不要一味地关注自己的缺点，要正确认识自己。俗话说"金无足赤，人无完人"，没有谁能做到十全十美，

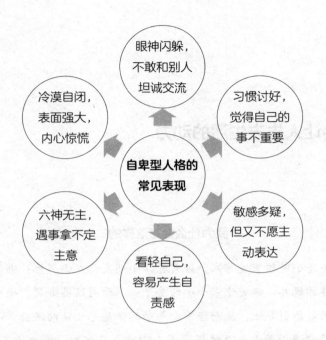

即使我们心中的榜样，他们的成功也是一步步积累而来的，他们也在逐步克服自己的缺点。我们应该用"少量的自卑"激励自己上进，而不是因为"过量的自卑"而裹足不前。要相信自己是有力量的！

停止无谓的比较。自卑的人习惯将自己与他人比较，又总是不自觉地将自己的劣势和他人的长处进行比较，并在比较中不断苛责自己。他们无限放大自己身上的小问题或者缺陷，又无限放大别人优秀的表现及长处，不断加深自己不如别人的想法。其实，每个人都拥有专属于自己的闪光点。

自卑会让人失去生活的动力

我为什么会是这样的?

小杨小时候家境贫寒，经常觉得小朋友都在嘲笑他：嘲笑他没有各种各样的玩具，嘲笑他家小小的房子……面对这些嘲笑，小杨的父母也没有很好地引导他，反而经常向年幼的他抱怨生活的不公。小杨在这样的环境中慢慢长大，总觉得周围人都比自己优越，因此他不敢交朋友，不敢谈恋爱，不敢主动表达自己的想法。在小杨的世界里，自己就是天底下最糟糕的存在！

小时候的成长经历让他不敢接受挑战，更害怕失败。等到大学毕业后，他随便找了一份不起眼的工作，过起了默默无闻的日子。他不是没有上进心，只是觉得自己即使上进也不可能像别人一样成功，于是就成了父母眼中"不争气"的孩子。

▨ 总是贬低自己

小杨已经到了极度自卑的程度，他甚至觉得自己配不上任何美好的事物。他不敢相信自己有能力和别人一样在职场上施展拳脚，即便受到夸奖，也只会觉得自己是"瞎猫碰上死耗子"，并不是真的优秀。小杨不敢相信自己和别人一样平等，他不仅贬低自己的能力，也在贬低自己的独立人格。小杨也很迷茫，只是他不知道该如何改善这种不合理认知。他在长时间的自卑中逐渐丧失了改善自我的愿望。在他看来，自己就是世界的弃儿。

自卑形成的原因

一个人变得自卑的原因有很多，其中一个就是原生家庭的负面影响。如果孩子在年少时得不到家人的陪伴、肯定，得不到家人正确的价值观引导，就很容易产生自卑心理。小杨家境不好，但这并不是人生的决定性因素，只是父母并没有在情感、思想上给予他足够的支持，反倒是他们自怨自艾的态度对小杨造成了不良影响。他小时候接收到的负面情绪太多，自然就无法形成良好的认知。在潜意识里他只会觉得自己很差，什么也做不好。

好好过自己的生活

美好生活需要自己创造。无论家庭条件好还是坏，它只是人生的起点。每个人的起点不同，终点更不同，没有必要拿已经客观存在的起点与他人比较，更没有必要因为起点不如他人而心生自卑。

生活不是一成不变的，我们要靠自己的创造来赋予生活更多可能。

用目标驱动自我。自卑的人要给自己设定一个切实可行的分阶段目标，然后一步一步去完成。每完成一个阶段性目标，都会获得相应的成就感，从而增强自信心。自卑者一定要给自己一个发展的驱动力，保持积极的心态。通过不断实践，取得一个又一个成功，完全可以摆脱自卑情绪。

停止追求完美

我就是想要最好啊!

　　林芊在大学里成绩一直不是很理想,她经常觉得自己努力得来的成绩反倒没有其他人"临时突击"得来的高。这样的情况不止发生过一次。她非常喜欢英语,一直执着于雅思考高分。年复一年地刷分让她既感到心累,也感到十分焦虑。

　　直到一次偶然的机会,林芊在校咨询室认识了自己的学长小辰。小辰是心理学系的研究生。二人在一起后,小辰发现了林芊的很多问题。很多时候他觉得林芊已经做得很好了,但她自己还是不满意,还常常陷入自我怀疑中。比如,她的英语水平已经出类拔萃了,还总是怀疑自己出国留学英语不够好。

　　小辰和林芊深入交流后发现,林芊想要让自己足够优秀,想要做到最好。小辰告诉林芊,她可能陷入了完美主义的陷阱,所以才会这样。他一直陪着林芊准备留学事宜,给她足够支持,陪伴她,治愈她。渐渐地,林芊逐渐好了起来,不再为"英语不够好"焦虑了,也有足够的信心迎接留学生活了。

过于追求完美

林芊一直处在焦虑的状态里无法自拔，其实是在回避自己的优秀，不敢迎接挑战，总是期待足够"完美"时才出击。这种始终想要达到最好的状态在无形中给了她极大的压力，甚至在很多时候连她自己都意识不到自己陷入了完美主义的陷阱。她在心中反复确认着自己不行，一次次证明自己先前的猜想——"看吧，我就是不够好"。因此，林芊一次比一次焦虑，然后继续在对完美的追求中循环往复。

陷入完美主义的人是怎样的

要求自己做到最好。陷入完美主义的人通常对自己和他人有极高的要求，在他们的意识里"最好""最完美"的状态才是令人心安的。如果自己在某方面做得有瑕疵，那就是犯了"弥天大错"。完美主义的人恨不得自己是台永动机，始终高速运转着。

掉入自我否定陷阱。完美主义者通常会掉入自我否定陷阱中，他们通常会无限地贬低自己，认为自己没有其他人优秀，认为自己做事情不够完美。他们也经常会因为害怕失败而不敢尝试，甚至选择放弃、逃避。他们对于自己在乎的事情不敢尝试，又会在不敢尝试中更加否定自己，甚至讨厌自己；等到事情失败，又反而质问自己为什么要逃开，如果当时坚持下来了，是不是就会成功了。这样的纠结循环往复，却于事无补。

调整心态，赢得更好的自己

我们该如何规避自我否定，走出完美主义的陷阱呢？

制订一份可行性计划。不要给自己太高的标准，先慢下来制订计划。比如你想要写一篇论文，可以试着先规定每天的工作量，当天完成设定的工作量就可以停下来。让自己在规定里做到你认为的更好，而不是刻意追求最好。

接纳自己的不完美。不要过度苛责自己。当我们学会接纳自己的时候，就可以更加理性、客观地看待自己了。那个时候，我们也不再会因为自己的某些错误和失败而过分自责，甚至陷入绝望，这样也可以帮助我们更好地应对生活中的各种挑战。

尝试自我治疗。在陷入自我否定中时，可以主动采取一些积极的方式来帮助自己走出陷阱。可以试着去问自己一些问题，比如：我在害怕什么？如果我沉浸在这种情绪里，会发生什么呢？……这样的自我治疗方式可以帮助你更好地了解自己的情绪和行为，从而更自信和自如地投入到所做的事情当中，而不是沉溺在情绪中无法自拔。

走出自卑：你比想象中更优秀

别妄自菲薄，你很优秀！

小溪一直很喜欢写作，但她从不把写完的作品发出来，而是存在自己的电脑里。她不是不想发，不是不想给别人看，相反，她很希望其他人能关注自己的作品。但小溪总是担心：我的作品给别人看了后，别人不喜欢怎么办？嘲笑我怎么办？就这样，很多作品在她自己这儿就过不了！即使自己觉得不错的，她也觉得不过是自认为好罢了。

小溪的梦想是成为一名优秀的作家，可她只敢和身边最亲近的人说，写过的文章也只是给特定的几个好朋友看。朋友们每一次都惊叹于小溪的文笔，而且发现她越写越好，可小溪却依旧觉得自己写得太差了。

后来，在一位编辑朋友的帮助下，小溪终于鼓足勇气在某个著名的写作平台开辟了自己的专栏。短短两年之后，小溪的账号已经有超过20万关注者。她终于意识到，原来自己的写作能力真的很强。

我好像没有自己想象中那么差

小溪是典型的自卑型人格，她害怕自己的文章没有人看，又怕别人看了会批评自己。在公开发表自己的作品前，她一直不清楚自己的能力，始终没有自信，达到了极度自卑的程度。小溪心怀梦想，想要成为一名作家。可不管朋友再怎么夸自己，小溪都不敢相信自己。

但当小溪真正将自己的作品发表出去，看到那些真实而广泛的认可的时候，小溪彻底跨步走出了自卑。她得到的认可越多，越意识到自己没有自己想象中的那么差了，最终她也如愿以偿成为一位小有名气的情感类作家。

自卑者的自我否定

持续自我否定。自卑的人常常自我价值感很低，就算对自己最喜欢、最擅长的事也会自我否定。自卑感强烈的人，在很多场合下，都习惯否定自己。他们经常说"我不行""我做不到"之类的话，进一步加深自己的自卑感，陷入"害怕失败—自我否定—逃避问题—放大缺点—自卑感加剧"的恶性循环中。

自我打断。自卑型人格的人很多时候习惯推翻对自己的积极评价，他们会在失败时无休止地谴责自己，也会在稍微自信一点儿的情况下转头质疑自己。在他们的世界里，仿佛"我不好"才是对的。这种"我不好"，会导致他们将好不容易建立起的自信自我打断。

如何克服自卑

进行积极的自我暗示。自卑的人可以尝试一下自我暗示。每天起床的时候看看镜子里的自己，对自己说"今天你可以的"。切记，你没有想象中那么差，你是有力量的！

寻找清晰的自我定位。你可以自己做一张表格，左边一栏写上你认为自己擅长的事情或你认为自己拥有的品质，中间一栏写上获得的成就，最右边一栏写上你认为自己存在的缺点。通过这种方式，你会更专注于自己擅长、热爱的领域，在自我定位中赋予更多积极因素。

第七章

易怒型人格

生活中，有一种易怒型人格的人，他们表面宁静如水，仿佛能容纳世间万物，但内心却蕴藏着炽热的小宇宙。这些人，一旦内心的火焰被点燃，小宇宙就会猛烈爆发。此刻的他们，仿佛被狂风骤雨席卷，焦躁与不安如同潮水般涌来，使他们难以自持。

在这一章中，我们将揭开易怒型人格的神秘面纱，探寻他们内心世界的奥秘，一起理解他们为何会如此，帮助他们摒弃自己的易怒情绪和不合理认知。当然，即便你不属于易怒型人格，也可以学习一下如何与他们和谐共处，真正地理解他们。

什么是易怒型人格

　　易怒型人格顾名思义就是易发怒的人格，这是相对比较常见的一类人格类型。具有这类人格的人通常情绪很不稳定，容易被一些小事激怒，而且一旦被激怒，就无法控制自己的情绪，甚至会出现一些过激行为。

　　易怒型人格与暴躁型人格的区别是：暴躁型人格更多表现出行为上的反应，而易怒型人格大多是情绪上的反应。

晚高峰的鸡飞狗跳

　　小鑫是个极度易怒的人，他觉得自己的生活一直处在鸡飞狗跳、一地鸡毛之中。有一次小鑫刚加完班，坐上人潮汹涌的地铁，却发现没有座位。他已经累到极点了，心情也不是很好，刷着手机，越刷越感到心烦。

　　在一个换乘站中，有个人不小心碰了小鑫一下，挤掉了他的手机。小鑫捡起手机就砸到对方身上，破口大骂："长没长眼睛啊！挤什么挤，给我道歉！"他的声音越来越大，响彻整个车厢。对方给小鑫道了歉，可小鑫依旧不依不饶，甚至想要把对方打一顿。直到乘务员过来，拉开他们，小鑫还在大发脾气。

易被坏情绪操控

　　小鑫是很明显的易怒型人格，容易被情绪操控。他经常因为一些小事失控，比如一次，他正在咖啡机前接咖啡，后面的同事下意识也递过去自己的杯子，结果小鑫一下子就怒了，瞬间情绪失控，和同事争吵起来。

小鑫也不想这样，事后也发现自己不对，还主动向同事道歉。可在情绪失控的那一刻，他没办法控制自己，这让小鑫陷入迷茫："我就是这样的人，怎么改也改不了。这可怎么办啊？"

易怒型人格的表现

易怒型人格的人常常表现出过度的激动。他们拥有一颗敏感的心，对外界的各种刺激和反应都异常敏锐。这种敏感性使得他们在面对微小的触动时也容易过度反应，情绪瞬间沸腾，犹如火山爆发。

这种过度的激动不仅让他们自己难以控制，还可能影响到周围的人，导致人际关系的紧张。在激动之下，他们有时甚至会失去理智，做出冲动的决定或行为，给自己和他人带来不必要的麻烦。

如何改变易怒型人格

先做深呼吸。易怒型人格的人要控制住情绪，深呼吸可以在一定程度上帮助你放松身心。如果你觉得自己的情绪总是很容易就爆发，可以给自己定下一个原则——发怒前先做深呼吸，而当深呼吸结束后，你很可能已经能够暂时平静下来，能够重新思考问题，解决问题。一些人采用发怒前在心里数数的方式，道理也与此相似。

记录情绪变化。为了更好地管理自己的情绪，你可以记录每天的情绪变化，通过写日记的方式，详细记录从早到晚的情绪起伏。从中，你会发现自己容易发脾气的原因，然后就可以根据记录调整作息时间和应对策略，以更平和的心态面对挑战。

不要成为那个难以相处的人

我不想成为别人的"眼中钉"

小陈每次遇到不顺心的事情就会大发雷霆，太生气的情况下还会砸东西。有一次，他因为觉得同事跟他说话时"阴阳怪气"，就对同事大打出手。最后打完还不解气，他又把同事的电脑砸了。

这件事情闹得很大，尽管他冷静下来之后也意识到了自己的错误，但大家已经对他心有余悸，认为他是一个不好相处的人，对他避而远之。小陈也感觉到大家对自己态度的转变，他知道越解释越没有用，而自己的火暴脾气也确实存在问题。他不想做大家的"眼中钉"，于是去看了心理医生，通过心理咨询，找到了适合自己的控制情绪的方法。经过很长时间，他才终于扭转了大家对他的看法。

控制不了的情绪

小陈先前无法控制情绪，对他人大打出手，疯狂砸东西。或许在当时的小陈的潜意识中，这样做就能释放自己的负面情绪。可这样的方式只会让他越来越暴躁，让人不敢接触。

小陈也不希望自己成为那个难以相处的人，于是他寻求了专业的心理治疗。在心理医生的帮助下，小陈正视了自己的情绪问题，从根源上解决了自己的暴躁易怒的问题。

易怒型人格的四大特征			
情绪波动大	缺乏自信	做事欠缺考虑	对亲近的人粗暴

双向极端间摇摆

易怒型人格的人在面临冲突时，容易暴躁；在面对挫折和困难时，又往往容易绝望，对一切都心灰意冷。这因为他们情绪的弹性空间小，对冲突的忍耐力低，对挫折的承受力差，情绪也就更容易产生剧烈波动了。

缓解情绪，走出阴霾

找到适合自己的平静下来的方式。易怒型人格的人在情绪大幅波动时可以试着听听舒缓的音乐，通过音乐的力量让自己恢复平静。或许刚开始，你会觉得自己听不进去任何歌曲，但可以试着搭配深呼吸，循序渐进，直到彻底平静的那一刻。此外还有许多其他方式可以尝试，比如冥想、散步等。

寻求专业帮助。当你发现自己的情绪或状态是自己解决不了的，可以尝试寻求专业的心理治疗。咨询师会根据你的具体情况提供合理的方式，帮助你走出阴霾。比如他们经常利用认知行为治疗，让你认识到自己的情绪问题，并提供一些有效的情绪管理技巧。

别让怒火灼伤自己和他人

"窝里猴"只会伤害家人

小李在公司里是一个"老好人"，他在工作上受挫时不在外面表现自己的怨愤，却回到家拿妻子、孩子撒气。有时候孩子只要打开电视，小李就要骂他，说孩子不知道学习只知道玩。小李情绪不稳定的时候还特别喜欢喝酒，喝完就和妻子吵架。

就这样，小李一家经常鸡飞狗跳，一到晚上，整栋楼都能听到他家吵闹的声音。一开始妻子还选择忍耐，但小李酗酒发疯的情况越来越严重，两人的争吵也越来越频繁。最终两人感情出现了裂痕，闹到要离婚的地步。

踢猫效应

踢猫效应是一种负面情绪连锁反应，指当个体面临压力或不满时，倾向于向比自己更弱小的对象发泄情绪，如同踢猫一般。这种情绪转移，像多米诺骨牌，一环扣一环，形成恶性循环。有一些人会把情绪带回家中，某种程度上将家人当成了自己宣泄情绪的对象。

小李在外面遭遇挫折后，却将自己的情绪带回家中，对家里人发脾气，这就是典型的"踢猫效应"。他一旦接受不了外界的压力、烦扰，就会心烦意乱。小李就像那种"窝里猴"（平时在家族里好勇斗狠，但遇到其他猴群前来袭击的时候，夹着尾巴比谁跑得都快），无从释放外界带来的压力，就将愤怒、沮丧等各种不良情绪发泄到家人身上。

⫽ 不要让家人害怕傍晚来临

找到发泄情绪的正确的方式。"踢猫效应"是一种心理防御机制，但显然不是一种正确的发泄情绪的方式。切记，即便心情不愉快，也不能向家人发泄，应该积极寻找正确的疏导方式。

家人不是你的"出气筒"。心理学家研究认为，正因为自己亲近的人更容易包容自己，所以一些人才那么无所顾忌地对亲近的人发脾气。但是这种包容反而让其承受了更多伤害。如果想让家中充满欢声笑语，切不可把家当成撒气的地方。

怎样高效管理自己的情绪

运动放松让我更有效率

小吴是一个非常容易焦虑的人。他在一家广告公司工作，每天需要面对各种各样难缠的客户和项目，压力极大。近期，小吴接手了一个非常重要的项目，这个项目需要他在一个星期之内完成一个完整的大型广告制作和投放方案。如此大的工作量让小吴感到非常焦虑，因为留给这个项目的时间太紧张了，项目本身要求也很高。

小吴感到身心俱疲，第一天就累得瘫坐在椅子上，整个人变得十分憔悴。同事看到他这个样子，就请他去健身房做一些放松的"轻运动"。在运动的过程中，小吴觉得自己的身体和大脑都得到了充分的放松。于是他开始"劳逸结合"，每天下班去运动一小时，这样第二天就有充沛的精力投入工作中，效率大为提升。一个星期后，小吴顺利完成了广告方案，成功签下单子。

找到释放情绪的开关

小吴找到了释放情绪的开关，找到了与劳累和解的方式，那便是运动。运动可以帮助我们的身体分泌一种叫内啡肽的物质，内啡肽可以帮助我们调节心态，可以让我们感到快乐和满足。小吴觉得运动不仅让他的身体和大脑得到放松，更重要的是充沛的精力也让他变得更加自信，更有动力面对一切困难。

⁄⁄ 不要等待情绪火山爆发

在快节奏的生活和工作中，我们很容易觉得"被压得喘不过气"来，精神上高度紧绷，积累的各种不良情绪得不到释放。然而，我们每一次压抑情绪都不过是将其埋入深不见底的潜意识中，在塑造情绪的火山。

情绪火山的成因多种多样，比如工作压力、家庭矛盾、人际关系等。如果负面情绪一直得不到释放，而像火山一样爆发，不仅会对心理健康造成严重影响，还可能导致身体出现问题。在生活中，有些人因为一些微不足道的小事而突然精神崩溃，其实这些小事往往不过是导致情绪火山爆发的诱因罢了。

⁄⁄ 管理情绪，堵不如疏

面对情绪的火山，宜宣泄不宜压抑。只有情绪得到合理释放，内心才能重归平衡。如果一味地压抑情绪，可能会让情绪变得更加难以控制。

运动释放。运动是一种很好的宣泄情绪的方式。通过运动，你可以将内心从对负面情绪的焦虑式关注中释放出来。无论是跑步、游泳还是瑜伽等运动方式，都能帮助你舒缓压力，恢复内心的平静。

倾诉分享。和朋友、家人等支持你的人聊聊自己近期发生的事情，自己感到有压力的地方。你可以从他们的支持和理解中汲取能量，从而减轻内心的负担。有时候，他们的建议也会让你获得新生。

分散注意力。当你被某些事情搞得心绪不宁想要发脾气时，可以试着分散一下注意力，比如看看轻松的电影，听听愉快的音乐。

第八章

原生家庭缺爱的影响

现在大部分人容易被情绪操控，他们时常沉浸在自己的情绪中无法自拔，形成各式各样的人格、性格。他们无法正常面对生活中的各种挑战与痛苦，更有甚者选择逃避和退缩。

这些性格的形成大多数都来源于童年的创伤、原生家庭的折磨。现在，就让我们一起走进原生家庭，探究一下原生家庭背后究竟会藏着什么，我们又该如何摆脱原生家庭的不良影响呢？

原生家庭对人生的影响

原生家庭通常是指一个人的初始家庭，也就是出生、成长的家庭。原生家庭会在很大程度上影响子女的成长，很多人会把幼时习得的经验带到日后的生活中。俗话说"不幸的童年要花一生治愈"，这正是对出生在不和谐的原生家庭的孩子人生的一种写照。原生家庭幸福与否，事关孩子的一生。

抑郁的原因

小晴大学毕业后进入一家互联网公司，自此总是陷入莫名的紧张焦虑中，她时时刻刻担心自己的工作做不好。这种担心的情绪一旦浮现，小晴就会陷入悲痛之中，不知道该怎么办，更不知道自己此刻应该做什么。

在工作中，小晴想到复杂一点的问题的时候，就会迅速地陷入焦虑之中，这种绝望和挫败会让她没办法专心工作，让她面对真正意义上的挫败——工作做得一塌糊涂。小晴就在这种循环中无法自拔，甚至还患上了抑郁症。

从小积累的挫败感

小晴的父母是那种自己不愿奋斗，却将希望寄托在孩子身上的"懒人"。在她小的时候，一旦做什么没有达到父母的要求，就会被劈头盖脸地骂"笨死了"\"考这点儿分还好意思吃饭"等，甚至还会遭受毒打。

每当父母凶神恶煞地骂自己，小晴就会紧张、焦虑，她唯一能做的就是关上房门默默掉泪。她害怕自己做不好，害怕自己没有取得好的成绩……她就这样在挫败感中长大了。

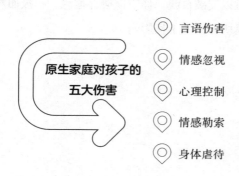

原生家庭对孩子的五大伤害

◎ 言语伤害

◎ 情感忽视

◎ 心理控制

◎ 情感勒索

◎ 身体虐待

孩子是父母的影子

孩子是父母的影子，父母是孩子的镜子。美国著名的心理学家苏珊·福沃德认为，"有毒"的家庭体系就像是高速公路上的连环追尾，其恶劣影响会代代相传。原生家庭怎样待孩子，很大程度上决定了孩子以后的性格和他对待下一代的方式。

很多家长不懂怎么正确教育孩子，经常粗暴地对待孩子，时时让他们感受到挫败感。这种挫败感很可能会延续，并伴随孩子的一生。最终，对失败的恐惧让他们无法正视各种挑战。

摆脱原生家庭的束缚

掌握自己的生活。如果原生家庭给自己带来了不好的影响，要学会从现在起掌控真正属于你的生活。或许你此时已经难以从原生家庭中获取正能量，但是你可以调动自己的认知，观察周围人的生活之道、处世之道、为人之道，用它们来逐渐修正自己的生活。

停止抱怨。想要摆脱原生家庭带来的创伤，首先要学会停止抱怨。过多的抱怨只会加重心灵的负担，在内心中反复确认原生家庭带来的痛苦回忆，更会让你陷入思维的困境，难以突破自我。你应该摒弃抱怨，积极面对生活，唤起勇气去改变在原生家庭里所习得的不良影响。

怎样疗愈原生家庭带来的创伤

一地鸡毛的原生家庭让我恐惧婚姻

婷婷生活在一个父母互相埋怨的家庭中。自她记事开始，家中就是"三天一小吵，十天一大吵"的状态。父母似乎就从来没有好好讲过话，互相埋怨更是常事。

每天家里遇到什么事情，父母也不会好好沟通，他们首先想到的不是解决问题，而是互相指责。即使在日常生活中，两个人也是争吵不断。在婷婷的记忆里，听爸爸说得最多的话，就是数落妈妈不会持家，而妈妈那句"要不是因为你，我早就和你爸离婚了"正是她的口头禅。

在耳濡目染之下，婷婷也是一遇到什么事情就喜欢抱怨，碰到不如意的事情还会大发脾气。更严重的是，父母满地鸡毛的婚姻给婷婷带来了严重创伤，让她彻底对恋爱和婚姻失去了兴趣，沉浸在一个人逍遥自在的世界中。然而她又并非真正追求自由的生活，不过是在肆意挥霍时间和金钱罢了。

孩子是最大的输家

婷婷父母的沟通方式有很大问题。他们并没有学会如何正确与对方沟通，更不知道该如何很好地表达自己的情感和需求。父母对彼此间的埋怨不仅会影响他们的夫妻感情，还在潜移默化间严重地影响着婷婷的生活和性格，在心理上对婷婷造成了极大的伤害。爱互相埋怨的父母一定要明白，在两人无硝烟的战争中，不仅他们中没有赢家，孩子更成为最大的输家。

原生家庭是这样影响我们的

我逐渐变成你们的样子。很多只会互相埋怨对方的夫妻会营造一种焦躁、高压的家庭环境。而生活在这种家庭中的孩子大多数也会变得和父母一样，暴躁、攻击性强、敏感……还会夹杂自卑、叛逆等心理。

在依恋中的不安全感。在原生家庭中遭受创伤的孩子，日后组建家庭后，也大概率会将这种创伤带入新的环境。他们往往会沿用父母的处事方式处理自己的夫妻关系和对孩子的教育。

对抗原生家庭的创伤

给自己独立思考的空间。对抗原生家庭带来的创伤需要我们独立思考，可能在曾经的家庭中你无法独立思考，什么都需要听父母的。只有自己独立思考，才能走出原生家庭那种令人窒息的生活逻辑。而且消除原生家庭的创伤，最重要的还是开启属于自己的全新的人生，这也需要用独立思考来支撑。

融入更大的环境。你可以通过参与各种活动、接触更多的人来消除原生家庭带来的狭隘的生活认知。借鉴别人的生活方式和生活经验，可以有效地对抗原生家庭带来的心灵创伤。积极参加各种兴趣小组、社交聚会等，结识新朋友，建立新的社交圈子就是个不错的选择。这样的社交互动不仅能分散你的注意力，还能为你带来新的视角，从而增强个人的认知水平，帮助你逐步走出心灵的阴影。

要不要向父母表达愤怒

毕业后，我"离家出走"了

高考结束后，小千就听从父母的建议学了自己非常不喜欢的金融专业。她当时反抗了，然而那时候自己太小，并没有成功。

进入大学后，小千并没有抛弃自己最喜欢的法语，她希望自己能够成为优秀的法语翻译。她开始自学法语，参加各项法语竞赛，不断进行法语等级考试。终于在毕业季，她不仅考过了法语专业八级，更是通过了法国教育部 DELF 考试，如愿以偿地拿下翻译证书。

法语优秀的小千，很快被上海一家翻译公司看中，正准备入职时，她的父母又强迫她考家乡的公务员。现在的小千知道了人生要掌握在自己手中，这次她没有妥协，宁可与父母大吵一架也要坚持自己的翻译梦。这次，她终于冲破了原生家庭的牢笼，开启了属于自己的生活。

我的人生由自己掌控

小千毕业后决定离开熟悉的地方，前往上海追寻自己的翻译梦，这无疑是向原生家庭"霸权父母"发起的一次大胆的挑战。长久以来，她仿佛被束缚在无形的枷锁中，无法自由表达内心的渴望，无法按照自己的喜好去生活。直到离家那天，她与父母爆发了一场激烈的争吵，这是她长久以来压抑的情绪的释放。这次争吵后，小千感到前所未有的轻松，她终于挣脱了父母的束缚，找到了自我，也找到了人生崭新的起点。

原生"有毒"家庭

从心理学的角度来说，向原生家庭表达愤怒是一种很正常的情绪反应。美国著名心理学家苏珊·福沃德在《原生家庭》一书中提到了"有毒"家庭理论。苏珊认为父母的一些行为和态度，可能会对孩子的心理和情感健康造成负面影响。她在书中提出了六种"有毒"的原生家庭体系，分别是完美主义型、过度保护型、控制型、忽视型、虐待型和酗酒型。

不幸福的原生家庭会让你无法真正成为自己，让你感到挫败、被忽视……这些心理问题会将你压得喘不上气，所以向原生家庭表达自己的愤怒非常有必要。这种愤怒一方面向父母指出了他们的错误之处，另一方面也在表明你要与他们分离了。

非暴力沟通

原生"有毒"家庭在许多问题上已经固化，到了不"震耳发聩"就不足以改变的地步。你可以在表达愤怒时运用一些"非暴力沟通"的方式。在这个过程中你需要学会的是正确表达情感，告诉对方你现在的心情是怎样的，为什么会这样，想要得到什么……在用这种沟通方式时，你需要知道的是：愤怒、发火不是目的，目的是表达，让对方理解你的需求。如果对方还是"冥顽不灵"，那就先做切割，开创属于自己的新生活吧。

原生家庭欠你的，要自己找回来

我一定要离开这座"山"

　　布布出生在一个重男轻女的传统家庭中，她很小的时候就已经开始承担家务了。在学习上，父母对布布也是不管不问，布布的学费还是她自己打零工挣的。等到布布工作后，家里又反复要求布布把工资汇回家，给哥哥结婚攒彩礼。

　　布布再也忍受不下去，在无法说服父母后，果断离开了原生家庭。布布第一次觉得自己真正掌控了自己的人生。她对大千世界充满热爱，她正好又做过地理杂志的编辑，更加向往自由、亲近大自然的生活。她一边给杂志社撰稿、摄影，一边跑遍大江南北。后来她将自己的旅行见闻发布在自媒体账号上，很快成为圈内颇有名气的旅行博主。

　　既然原生家庭没办法给布布美好的生活，甚至打算牺牲她的未来，那么她就自己创造美好，把原生家庭欠自己的都找回来。她不仅告别了原生家庭这座"山"，做了自己真正想做的，更开创了属于自己的精彩人生。

∥ 找回自己的人生

　　布布在原生家庭的经历并不美好，她始终被家务、父母、哥哥束缚，没有真正的幸福。当父母要求她"供养"哥哥时，她终于决定不再接受原生家庭对自己的伤害。

这个世界上从来没有什么命中注定，只有你才能真正决定自己成为什么样的人，拥有什么样的人生。不幸的原生家庭会影响你一阵子，但千万别让它决定你的一辈子。

与其改变父母，不如改变自己

在不幸的原生家庭中，那些不幸已然发生，而且父母很多的想法和认知已经非常固化，改变他们的认知往往徒劳。因此，不如把注意力聚焦在你能控制和决定的部分——改变自己。

虽然一些不幸确实来自原生家庭，某种程度上也确实可以将责任归咎于原生家庭，但是当你已经长大，已经成为真正独立的个体，你的人生需要由自己负责。

如何出走原生家庭，拥抱新生

重新养自己一遍。我们在成长的过程中一定会有遗憾、绝望、不如意，这些可能都是原生家庭未能帮你解决的，苏珊·福沃德提出的原生"有毒"家庭更是如此。重获新生的第一步，就是好好地养自己一遍。你要通过积累新的认知，借助从周围环境汲取的力量来重塑自己。你会发现自己养育的自己会更加美好、有力量！

情感上自我独立。情感独立是成长的重要里程碑。它要求你不仅勇于表达自己的情感和需求，还要学会冲破枷锁开启独立人生。当你在情感上不再过分依赖原生家庭，而是能够自主决策和行动时，你就真正踏上了自我实现的道路。这种独立不仅让你更加坚韧，还能帮助你消除原生家庭带来的负面影响。

第九章

疑心重，没有安全感

疑心病是一种"无病疑病"的不健康的心理状态。在我们的日常生活当中，每个人都有怀疑的时候，只是大部分人正常的怀疑是有分寸的。有疑心病的人则不同，他们会对周围的环境和他人的言语做出过分、虚假的解读。

疑心病的"疑心"五花八门，病人怀疑别人议论自己，怀疑东西丢失，怀疑配偶有外遇……这些疑心内容往往和周围的人密切相关，很容易影响到一个人正常的人际关系，给生活带来破坏性影响，更会影响到病人的身心健康。在这一章中，就让我们探究一下疑心病，并找到治疗这类病症的方法。

什么是疑心病

在生活中，我们身边不乏一些整天疑神疑鬼的人，小到怀疑有没有关门，大到怀疑有人谋害自己。从本质上来说，疑心病主要是因为安全感不足。疑心病重的人往往整天心烦意乱，而且随着病症的发展，甚至会虚构一些所谓的"事实"，严重影响正常的生活。

疑神疑鬼的李先生

李先生是一名中年上班族，每天都过着两点一线的生活。一次李先生和妻子出行时，车子失控撞上大树，他自己身受重伤，妻子不幸离世。从此，他开始变得疑神疑鬼，眼睛里总是闪烁着不安的光芒。

随着时间的推移，李先生的疑心病越来越严重。他开始怀疑自己的朋友、邻居们都在背后议论他、嘲笑他"害死"了妻子。每当发现有人在他身边窃窃私语时，他都会下意识地认为他们是在谈论自己。

李先生整天疑神疑鬼，无法安心工作和生活，日子变得一团糟，而不停地疑心也让他经常与亲友发生冲突。他们受不了李先生无端的猜疑，逐渐开始远离他。

怎样判断是否得了疑心病

在如今这个高速运转的社会，疑心病是一种比较常见的心理疾病，像李先生这种状况并不少见。大多数疑心病患者是因为家庭发生了变故或者工作压力过大而患病。

生活在精神内耗中。疑心病患者常常对他人和环境持有高度的怀疑态度，容易将他人的言语、行为等过度解读，产生不必要的疑虑。他们的神经时常处于一种高度紧张的状态，周围事物稍微有一点儿改变，他们就会陷入无休止的精神内耗当中。这种过度的精神内耗会直接影响他们的日常生活和工作效率。

固执己见，不接受反驳。许多疑心病患者对身边的人过于警惕，甚至将给自己提意见看作坑害自己，固执地认为别人"包藏祸心"。因此，他们对自己的观点和看法非常固执，难以接受他人建议。

在这种思维模式的影响下，即使他们的观点是错误或不合逻辑的，他们也可能会坚持己见，导致与他人的沟通和交流变得困难。

过度注重他人的看法。疑心病患者的"疑心"对象往往是周围的人和事物，尤其是自己的亲朋好友。他们过度依赖外界的评价和标准，当疑心过重时，更是把自己扭曲过的外界看法当成真实的。

频繁检查
或确认

过度解读他
人的言行

疑心病的
主要表现

难以信
任他人

过度担忧
未来

∥ 怎样克服疑心病

积极与他人交流。疑心病患者由于对他人和环境保持怀疑态度，严重缺乏信任感，会尽量避免社交活动和社交关系。俗话说："良药苦口利于病，忠言逆耳利于行。"积极与他人交流，不仅能够帮助你了解别人的真实看法与想法，也有助于消解心中积累的错误看法，清除疑心。同时，积极地交流沟通，还有助于你敞开心扉，让亲朋好友尽可能地帮助你。

在别人说出自己的看法甚至提出意见时不要急着进行反驳，而是耐心倾听对方的观点和想法，尝试从对方的角度理解对方的意思，避免过于看重自己的观点而忽略他人的感受。

自我反思，学会接受他人的想法。当感觉周围人"包藏祸心"的时候，不妨找一个安静的地方放空自己，让自己冷静下来，反思自我，思考一下别人这样做的目的。多站在别人的角度思考一下自己的所思所想是不是合理。很多时候，过于在意自己的看法，很容易使自己陷入恐慌当中。当你开始接受他人的想法，自我反思，或许你会发现别人对你并没有恶意，这样你就大大地减少了精神内耗。

不可遏制的无端猜疑

疑云笼罩的爱情

　　赵阳和林悦本是一对深爱彼此的夫妻。他们的生活原本平静而幸福，但一切的美好都在林悦加入了一个羽毛球俱乐部后被打破了。赵阳的心中开始滋生一股莫名的不安，他开始无端猜疑妻子已经出轨。

　　他时常翻看林悦的手机，试图从中找到一些蛛丝马迹。他甚至开始跟踪林悦，想要一探究竟。他并没有发现任何实质性的证据，但这反而让他变得更加焦虑和痛苦。

　　林悦对赵阳的猜疑深感困惑和无奈。她试图解释自己只是因为热爱羽毛球才加入俱乐部，但赵阳根本听不进去。他开始变得易怒和暴躁，对林悦的每一个动作和每一句话都充满了警惕和怀疑。

　　终于在一天晚上，林悦参加完羽毛球活动回家时，矛盾彻底爆发，赵阳发了疯一样怒斥林悦背叛了他，并狠狠地打了林悦一巴掌。林悦被赵阳的暴力行为吓呆了，她无法理解赵阳为何会变得如此疯狂和不可理喻。两人的关系越来越僵，最终到了离婚的地步。

失控的心魔

赵阳婚姻的悲剧可以说是疑心病作祟的结果。他毫无根据地对妻子疑神疑鬼，正是疑心病典型的病态思维表现。而这种病态思维已经严重影响到他的正常生活，让他开始变得焦虑、易怒。

面对妻子的合理解释，他依然选择相信自己错误的判断，认为妻子已经出轨，却又找不到证据。面对妻子的一次晚归，他的表现近乎癫狂。最终在无端的猜疑中，他们的婚姻走到了尽头。

无端猜疑的肆虐

无端猜疑的表现形式多种多样，它们通常基于没有确凿证据或合理理由的怀疑。以下是无端猜疑的常见表现形式。

过度解读。无端猜疑的人喜欢过度解读他人的言行举止，将无意的动作或话语解读为具有恶意或特定意图。例如，同事间一句无心的玩笑话可能在他们听来就成了专门针对自己的批评。

假设最坏情况。无端猜疑的人总是在没有充分获取信息的情况下，倾向于假设最坏的情况。他们可能认为他人总是出于恶意行事，或者总是试图欺骗或伤害自己。例如，就像赵阳一样，因为妻子加入一个有其他男性参加的羽毛球俱乐部，就无端猜疑妻子有了外遇。

偏执型焦虑。无端猜疑的人容易陷入偏执思维，即反复思考、担心和怀疑某些事情，即使这些担心并没有合理的根据，他们也会选择无条件相信自己的判断。持续的猜疑可能导致焦虑和恐惧等情绪问题。他们会担心自己的猜测成真，这种持续的担忧和不安会影响他们的正常生活。

⁄⁄ 放下执念，消除猜疑

要解决无端猜疑的问题，可以从多个方面入手。以下是一些具体的解决方法和建议。

自我反思与认知调整。在执念中无法自拔时，先劝诚自己冷静下来，了解自己猜疑的根源和触发因素。要学会从更多的角度反思自己的猜疑是否合理，避免过度解读他人的行为和意图。

及时进行沟通。学会在工作和生活中与他人进行坦诚的沟通，表达自己的感受和疑虑，听取对方的解释和回应。尝试站在对方的角度思考问题，理解对方的立场和动机，减少误解和偏见。鼓励开放和诚实的交流，建立互信关系，消除不必要的猜疑。

培养积极心态。尝试从积极的角度看待问题，关注生活中美好和积极的方面。培养乐观的心态，相信自己有能力应对生活中的挑战和困难。寻求支持和鼓励，与积极的人建立联系，共同面对生活中的挑战。

疑心病是健康的"隐形杀手"

疑心病的阴影

60岁的刘大爷身体非常健康，每次体检各项指标都显示良好。一个月前刘大爷偶发一次感冒，身体有些难受，刘大爷也学着"上网问医"。就像网络上说的那样，"网上查病，癌症起步""贴吧问病癌起步，无医无药无活路"……刘大爷一查之下，从症状看觉得自己得了白血病，无论家人和医生怎么劝都不听。

他越查越害怕，越害怕越查。半个月后，他觉得自己似乎病得越来越重，时常感觉面色不佳，并常常伴有头痛的症状。恐慌中的刘大爷更是觉得自己虚弱不堪，并开始失眠、食欲不振，体重也急剧下降。他反复到医院检查，尽管医生告诉他检查没有大问题，只是建议他好好休息，但是刘大爷无法接受，又开始怀疑自己得了其他重病。他始终无法安心，甚至在焦虑之时，给老伴和子女留下遗书。

由于一年的不断折腾，刘大爷最终将身体彻底搞垮了，这次真的得了大病。

疑心病是如何伤害健康的

美国思想家爱默生曾经说过："好犯疑心病是一种慢性自杀。"刘大爷本来身体十分健康，仅仅因为一次小感冒就不断自我灌输自己患有大病的思想，使得自己陷入无尽的恐惧当中，慢慢形成了疑心病。

疑心病就像一把无形的匕首插在刘大爷的心里，过度的担忧和疑虑不仅损害了他的精神健康，也逐步侵蚀着他的身体健康。即使医生告诉他，他的身体没有问题，但在疑心病的影响下，刘大爷根本听不进去，仍固执地认为自己就是有病。由于长期处于焦虑、抑郁、恐惧等负面情绪中，刘大爷的身体机能被一点点消耗殆尽，最终导致患病。

疑心病的真面目

疑心病是一种不健康的心理状态，主要表现为对外界刺激异常敏感，过度猜忌周围人的言语和行为。它仿佛一双无形的手，操控、影响着我们的生活。

疑心病主要受精神分裂、偏执、老年痴呆、酒精依赖等精神问题影响，还与生活压力、性格特质、错误的认知方式等因素有关。疑心病患者常常像刘大爷一样出现"疑病障碍"，轻微的身体不适就让他们十分担忧，认为自己患上重大疾病，甚至怀疑自己患有不治之症。

如何治疗疑心病

疑心病患者常出现心烦意乱、无所适从、头昏眼花、心慌气短、四肢无力等症状，不仅影响身体健康，而且严重影响日常生活和工作。那么，我们应该如何避免疑心病呢？

情绪转移。情绪转移治疗是一种心理治疗技巧，旨在帮助患者从消极、焦虑或疑病的情绪中解脱出来，通过转移注意力到积极、健康的事物上，从而改善情绪状态和心理健康。治疗疑心病时可以鼓励患者培养或重拾兴趣爱好，如画画、看电影、养花草、养宠物等。这些活动可以有效地转移他们的注意力，让他们在其中找到乐趣和成就感，从而减少他们对疑病的过度关注。

调整生活方式。疑心病患者采用放松身心的生活方式会大有裨益。在生活细节上，当疑心、紧张时，可以采用深呼吸、渐进性肌肉松弛和冥想等技巧，缓解紧张情绪并减轻疑虑。在社交上，积极参与社交活动有助于建立健康的人际关系，增强自信心和信任感。疑心病者可以通过参加社交团体、与朋友和家人保持及时沟通等方式来杜绝胡思乱想。疑心病与身体的健康程度密切相关，保持健康的饮食和适度的锻炼有助于保持身体健康，也有助于减轻无端的疑心。

中医治疗。中医推拿、按摩等方法可以作为疑心病的辅助治疗手段。这些方法通过调节身体的气血运行和经络通畅，有助于缓解患者紧张和焦虑的情绪，从而改善疑心病的症状。

疑心病的治疗方式多种多样，但是需要综合考虑患者的具体情况，包括症状的严重程度、持续时间，以及个人的生活环境和心理状态等，来进行具体问题具体分析。

疑心病不妨冷处理

疑云散去的阳光之路

小杨所在的部门即将进行一次重要的项目竞选，每个人都需要提交自己的方案。小杨为此付出了很多努力，精心准备了一份自认为非常出色的方案。然而，在提交方案的前一天，他无意中听到两位同事在私下里讨论这个项目，他们的笑声让小杨误以为他们是在嘲笑自己的方案。

疑心病发作的小杨陷入了深深的焦虑之中，第二天他带着疲惫和紧张的心情草草提交了方案，但由于解说不佳被淘汰。小杨十分沮丧却无处宣泄，只好约上自己的好友去喝闷酒。喝酒时，小杨将心中的烦闷告诉了朋友。朋友听完却说他这是疑心病在作祟，如果他不管同事是否在讨论自己的方案，而是认真准备介绍自己的方案，很可能结果就大不相同了。

小杨听了朋友的话深受启发，决定尝试冷处理自己的疑心。渐渐地，他更加信任自己的能力，也更加善于与同事相处了。随着时间的推移，小杨在工作中很快脱颖而出。

遇到问题要冷静，多思考

小杨之所以之前会失败，并不是因为自己比别人能力差，而是他的疑心病导致他无法完全展现自己的能力。在他冷静下来思考过后，他发现同事并没有恶意。过度的疑虑和担忧只会让人失去判断力和自信心。当你感到疑虑时，不妨先冷静下来，给自己一些时间和空间去思考和判断。

冷处理疑心，大有裨益

独立和自主。学会冷处理疑心病的人，通常能够独立地思考和处理问题。能够注意到是疑心的问题，就已经成功了一半。小杨就是如此，他停止胡思乱想后，冷静下来，多思考，发现解决问题的办法其实就在身旁。冷处理疑心后，就能调动自己的判断力，自主地做出正确的决策。

有远见和洞察力。学会冷处理疑心病的人，看问题时更容易看透问题的本质和长远影响，而不仅仅关注眼前的利益或冲突。因此，他们能够找到更为全面和长远的解决方案。

如何进行冷处理

许多人对冷处理有个误解，认为冷处理就是对所有人和事都不理不睬。其实这种理解是错误的，冷处理是让人保持理性思考，不被情绪所左右。

控制好情绪。在面对冲突或紧张情况时，首先要做的是控制好自己的情绪。避免在情绪激动时做出决策或回应，因为这样很可能导致自己做出一些不理智的行为。

学会暂时回避。当冲突或紧张局势升级时，可以选择暂时回避，给自己和对方冷静的空间和时间。回避不代表逃避，而是为了避免做出错误的决定或行为。这样能够给解决疑心问题留下缓冲空间。

明确沟通。要学会用"沟通"替代"猜想"。在与人交往时，一方面要尽最大努力表达清楚自己的观点、需求和期望，另一方面也要倾听对方的想法和立场。

积极倾听。在与对方沟通时，要积极倾听对方的观点和感受，这有利于双方建立起最基本的信任。在倾听的过程中，不要打断对方或者急于表达自己的看法，而是要保持耐心。积极倾听更利于对方坦诚地说出自己的真实想法，也有助于消除疑心。

学会冷处理疑心病的人通常能够理性思考，他们善于沟通、耐心宽容、独立自主，有远见和洞察力，懂得自我保护。这些特质和表现有助于他们在复杂的人际关系和工作中取得成功。

怎样阻断不安全感

小女孩与妈妈的睡衣

小莉是一个非常敏感和内向的孩子，她常常沉浸在自己的小世界里，与外界保持着微妙的距离。然而，这种距离感也让她在生活中感到一种深深的不安全感。

小莉有一个特别的习惯，那就是在晚上睡觉时，必须抱着妈妈的睡衣才能安心入睡。每当夜幕降临，小莉就会轻轻地拽着它，仿佛这样可以让她与妈妈更加接近，让她在黑暗中不再感到孤单和害怕。

这个习惯源于小莉幼年时的一次经历。幼年的她常常因为害怕黑暗而睡不着觉，总是担心会有怪物闯进她的房间。只有靠在妈妈怀里睡觉，她才能感到安全。但是妈妈平常很忙，在她很小的时候就很少陪在她的身边。于是，妈妈想出了一个办法——她把自己的睡衣留给小莉，让小莉在睡觉时紧紧抓着它。这样一来，即使妈妈不在身边，小莉也能感受到妈妈的存在和温暖。

渐渐地，小莉对妈妈的睡衣产生了依赖，虽然她已经长大，但她依然无法摆脱这种依赖……

内心缺乏安全感

美国人本主义心理学家马斯洛认为，安全感是一种从恐惧和焦虑中脱离的信心、安全和自由的感觉。安全感是个体渴望稳定和安全的一种心理需求。根据马斯洛的需求层次理论，安全的需要是个体的基本需要之一，只有当安全的需要得到满足的时候，个体才会去追求更高层次的心理需求，比如说自我价值的实现。

你为什么如此不安

不安全感背后的心理机制是复杂且多维度的，它涉及个体的心理结构、成长经历、环境压力等多个方面。

错位的依恋关系。英国精神分析学家约翰·鲍比在其依恋理论中指出，早期的依恋关系对个体的安全感的形成影响巨大。如果一个人在婴幼儿时期就没有建立起安全感，等长大后与其他人交往时可能会出现一系列的问题，比如会难以信任他人，回避亲密关系，也会出现过度依赖他人或某些事物的情况。

不幸的成长经历。一个人早期的成长经历对其人生影响深远。比如一个人在童年时期经历了长时间的创伤、忽视或虐待，他自然缺乏安全感，这可能导致他不信任他人，建立起超强的心理防御机制。这种心理防御机制使其在成年后也对世界和周围的人抱有戒心，难以与他人建立稳定的关系。

生活中的变故。人们在生活中遇到重大变故，如失业、离婚或亲人去世等，都可能会导致暂时性缺乏安全感。这些压力事件会打破人们的心理平衡，使其感到无助和不确定。

重获内心的宁静

重获内心的宁静是一个涉及自我探索、心理调适和积极应对的过程。请记住，每个人的经历都是独特的，因此可能需要尝试不同的方法来重获内心的宁静。关键是保持积极的心态和持续的努力，逐步建立稳定、健康的心理状态。

找到最真实的内心世界。在你的大脑感到混乱不安时，花一些时间来独处，认真审视自己内心的想法、情绪和需求，找出是什么让你感到不安，以及这些不安感的来源。你可以尝试通过写日记、绘画、冥想等方式记录自己最真实的感受，更深入地了解自己的内心世界。

先接受，再释放。接受自己的情感，不要试图压抑或否认不安、焦虑等负面情绪。学会与它们共处，找到造成这些情绪的根源，然后直面它、接受它，再想办法克服它。寻找能够让自己感到平静和安宁的方式，如散步、阅读、听音乐、冥想等，释放自己的压力。在此基础上调整自己的心理状态，尽可能让自己平静自如地面对生活。

第十章

患得患失，爱胡思乱想

在纷繁复杂的日常生活中，我们时常会陷入一种患得患失、胡思乱想的心理状态。这种心态犹如一片阴霾，遮挡住我们内心的阳光，使我们在决策时犹豫不决，在行动中畏首畏尾。

患得患失、胡思乱想不仅仅影响我们的情绪状态，更阻碍我们的个人成长，以及人际关系的健康发展。在本章中，我们将一起探讨如何走出患得患失、胡思乱想的困境，重新找回内心的平静。

你为什么会精神内耗

找到你的心灵之桨

小铭是一个聪明勤奋的人，但每当他面临选择时，都会反复权衡利弊、犹豫不决。这使他感到疲惫不堪，也使得他在工作中错失了许多机会。有一天，小铭回母校拜访导师，顺便说出了自己的苦恼，希望导师能给自己一些建议。

导师深思一番后，以小铭最爱的划船运动举例："小铭，你是我们学校有名的户外探险爱好者，曾用单桨船漂流过长江。你一定遇到过这样的水域，它看似平静，但实则暗流涌动。如果你将船划到那片水域中，想再划出来就非常吃力了，而且很危险，船很容易被暗流冲走。你需要提前划桨、时时划桨才能保证船安全前行，每一桨都不能犹豫。桨就是你在暗流、风浪中保持稳定的关键。"

小铭听后若有所思，导师继续说道："你的内心就像这艘船，患得患失、胡思乱想就像胡乱挥动的船桨。在生活这片同样暗流涌动的水域，你需要通过不疾不徐地划桨来稳定你的内心，让你在面临选择时能够坚定果断。"

小铭听后豁然开朗。后来，他就像自己探险时毫不犹豫地挥动船桨那样，很自然地就下定决心，即使做了错误的决定，就像在下一桨中弥补一样，再果断修正。他的内心变得平静而坚定，工作和生活也顺利了许多。

✎ 一场内心的战争

在快节奏、高压力的社会中，许多人都在经历着一场无声的战争——精神内耗。它如同一个隐形的敌人，悄悄地侵蚀着我们的心灵，让我们在不知不觉中陷入疲惫和焦虑的旋涡。小铭因为做事反复权衡利弊、犹豫不决而陷入精神内耗，使得自己把握不住机遇，郁郁寡欢。直到导师为他解疑释惑，点出了问题的关键，他才豁然开朗。小铭找到了自己的心灵之桨，坚定了信念和目标。他不再患得患失，而是稳步朝着自己的目标前进。

在这场内心的战争中，我们需要学会与自己和解，找到内心的平衡和宁静。只有这样，我们才能在这场无声的精神战争中取得胜利。

✎ 精神内耗的真相

精神内耗是一种隐形的负担，它不像身体疲劳那样容易察觉，但却能悄悄地消耗我们的精力。长时间处于紧张、焦虑或压力状态，人的心灵就会像一块被不断耗损的电池，逐渐失去能量。这种状态下，我们可能会感到疲惫不堪、力不从心，甚至对未来失去信心和希望。精神内耗的来源有很多，比如贷款、工作、工资、找对象等现实问题，比如面子、荣誉等精神问题。

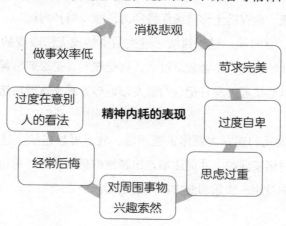

精神内耗的表现

消极悲观 / 苛求完美 / 过度自卑 / 思虑过重 / 对周围事物兴趣索然 / 经常后悔 / 过度在意别人的看法 / 做事效率低

过度思考。人在陷入精神内耗时常常倾向于对一个问题深入地、反复地思考，尤其是在面对重要决策或挑战时更是如此，瞻前顾后。这种过度思考的过程会极大地消耗心力，导致你感到疲惫和焦虑。

自我怀疑。精神内耗会让人对自己的能力、决策和行动产生怀疑。这种不断的自我质疑和否定不仅会消耗你的精力，还会大大降低你做事情的效率。

苛求完美。很多人对于自己的工作和生活有所期望，希望每件事都能做得尽可能好。然而，苛求完美会让你陷入焦虑之中，其实"不完美"才是常态。

走出精神内耗的迷宫

陷入精神内耗如同进入一座迷宫，你在复杂的思绪中迷失方向，不断消耗着内心的能量。它可能源自对过去的纠结、对未来的期待，或是对现实的担忧。在这个迷宫中徘徊，你会感到疲惫不堪，甚至可能失去前进的动力。走出这座迷宫并非不可能，关键在于你如何调整自己的心态，找到内心的平衡点，重拾内心的宁静与力量。

设定清晰可实现的目标。人在面临多个选择或任务时，容易感到迷茫和焦虑。这时，你可以将大目标分解成一个个清晰的、具体的、可实现的小目标，逐步实现，这样可以减少对大目标不必要的担忧和焦虑。将目标分解为小步骤，逐步完成，也有助于你持续保持动力，减少精神内耗。

放下过去。有时候，过于纠结于过去的事情或无法改变的事实，这会让你陷入精神内耗的困境。学会放下过去，接受现实，是缓解精神内耗的重要一步。平时你可以尝试通过写日记、与朋友倾诉等方式来宣泄情绪，让自己走出过去的阴影。

走出精神内耗的迷宫需要你正视问题，放下思想包袱。只有当你真正改变思维方式并付诸实践时，才能逐渐走出精神内耗的迷宫，重拾内心的宁静与力量，过上更加健康、快乐和充实的理想生活。

焦虑时为什么会过度思考

想得越多，压力越大

李娜所在的公司宣布要开展一个重要的项目，她作为项目的核心成员，肩负着巨大的责任。起初，她感到非常兴奋，毕竟这是一个展示才能的好机会。但随着项目的推进，李娜开始感到力不从心、压力巨大，她的思绪开始飘忽不定，项目也屡屡出现各种问题。她甚至开始觉得自己会因工作失误被辞退。

李娜越来越怀疑自己的工作能力，心情也变得越来越沉重。朋友小丽注意到了她的变化，告诉她："李娜，你想得太多啦！你是中了墨菲定律的魔咒吗？你需要学会放松自己，无谓的担心只会打乱你的工作节奏。"

在小丽的建议和鼓励下，李娜开始尝试调整自己的状态。李娜将更多的精力投入到工作中，慢慢地不再那么容易胡思乱想了。她学会了越是面对压力，越要保持冷静和理性，不让负面情绪占据上风。最终，李娜和她的团队成功完成了项目，并获得了公司的高度认可。

有一种病叫"过度思考"

李娜的经历展示了一种在现代社会中越来越普遍的心理健康问题——过度

思考，它是引发精神内耗的重要因素。李娜在工作中总喜欢把事情想得太多、太复杂，反而陷入难以集中精力工作的尴尬境地。过度思考使她沉溺于琐事与细节中无法抽身，导致她思维逻辑混乱，工作效率变得低下。

过度思考的人有哪些表现

反复纠结。过度思考者常常喜欢对同一问题或情境反复地思考和评估，无法轻松地做出决定或放下问题。他们会不断地回想过去的经历，试图找到最佳的解决方案，但往往因为考虑得太多而无所适从。

过度担忧。过度思考者往往对未来充满担忧，担心可能出现的不良后果或潜在的风险。这种担忧可能导致他们过度准备、过度计划，甚至影响到他们的日常生活和人际关系。

焦虑型拖延。由于无法做出决定或害怕做出错误的决定，过度思考者明明知道问题已经迫在眉睫，但由于慌乱和焦虑而不自主地拖延。他们担心仓促的决定会办坏事，殊不知，纠结一刻就会浪费一刻的宝贵时间，错过解决问题的最佳时机。

挣脱过度思考的枷锁

接受生活中的不确定性。生活中充满了未知和变数，这是你无法预测和控制的。你要学会接受不确定性，放下对过去的担忧和对未来的恐惧，专注于当下能够掌控的事情，这样可以帮助你减少不必要的焦虑和压力。

简化所担忧的问题。将复杂的问题分解成若干个简单的小问题，逐一解决。不要试图一次性解决复杂的问题，这样只会让自己更加混乱和困惑。简化问题可以让你更加清晰地看到问题的本质，更有针对性地找到最优解。

积极而不焦急的心态。积极的心态可以帮助你更好地应对生活中的挑战和困难。学会从积极的角度看待问题，关注问题的积极面，可以帮助你减少过度思考带来的负面影响。

凡事都先让自己冷静下来

危险时，也要让自己冷静下来

林逸是一个喜欢冒险和探索的人，一次他去天柱山探险，沿着蜿蜒的小径前行，欣赏着沿途的风景，不知不觉间就偏离了道路。直到密林深处时，他才发现自己已经迷路了。

四周都是茂密的树木，林逸试着原路返回，然而他却分不清来时的路了，在密林中打转。林逸走到密林中，本就是一时兴起，并没有带够水和食物。眼看天就要黑了，他不禁慌张起来。

慌不择路的林逸越走越远，直到突然看到前方有一片清澈的水潭，水潭旁竟然还有一座看起来荒废很久的小木屋。林逸看到那座破烂的木屋，反倒稍微安心下来：一定有人曾到过这里！他走到湖边，看到夕阳下自己在湖面上的倒影，终于冷静下来。

林逸开始重新审视周围的环境，他注意到一些之前忽略的细节，调动起自己的探险知识，不久终于找到了一条小河。沿河有一些明显的地标，他就根据这些地标走出了密林。等看到一户人家的灯光时，他知道自己安全了。

用冷静战胜慌乱

在快节奏的当下，人们变得十分浮躁，与此同时，由于在都市中生活得太久，又缺乏很多野外的生存技能。即便像林逸这样的探险爱好者，也不免陷入恐慌。

林逸在刚开始发现自己迷路时也陷入了短暂的迷茫与恐慌之中，但当看到他人的活动痕迹，唤醒自己的探险技能，他终于意识到，在身处危险时，保持冷静是多么的重要。只有冷静的头脑才能帮助他找到解决问题的方法，避免陷入更深的困境。他最终靠自己探险的经验找到了回家的路。

其实生活就像一段漫长的旅程，有时我们会陷入深深的黑暗中，遇到各种各样意想不到的困难和挑战，无法看清前方的道路。然而面对看似无尽的黑暗，那些通往光明的路依然存在，我们需要学会冷静，在困境中坚守，寻找出路和解决问题的方法。

冲动是魔鬼

冲动伤己。冲动会使人的性格变得更加急躁、易怒，使人在面对问题时缺乏耐心和理性思考，失去判断力，冲动行事，甚至可能引发焦虑、抑郁等心理问题。

冲动伤人。冲动行为不仅伤己也会伤人。冲动容易破坏人际关系，导致自己与他人的关系紧张或疏远。例如，频繁的冲突和争吵使得亲人朋友之间的亲密的关系变得不和谐。在人际关系复杂的职场和官场，冲动还容易导致职业上的危机。

冲动型犯罪。"一失足成千古恨"这句古话常被用来形容冲动型犯罪。在我国的刑事案件中，冲动型犯罪占有很大比例，尤其以年轻人居多。情绪失控非常可怕，一旦不能够控制自己的行为，导致的严重后果往往远超预期。比如"路怒症"引发的严重交通事故，早已屡见不鲜。

⫽ 冷静心态的非凡魅力

沉着应对压力。在高压环境下，一个冷静的人能够保持清晰的思维，不被情绪左右。他们能够在混乱中"快刀斩乱麻"，找到解决问题的方法，并制定出有效的应对策略。这种沉着应对压力的能力，使他们在困难面前游刃有余，散发出独特的魅力。

谦逊低调的好品质。冷静的人往往不会炫耀自己的成就或能力，而是保持谦逊和低调的姿态。他们更愿意用实际行动和成果来证明自己的价值，而不是通过言语来夸夸其谈。这种谦逊与低调，有助于他们与人和谐相处。

善于与人共情。冷静的人在与人交流时，更有耐心倾听他人的意见，能够从他人的视角理解别人的想法，并尊重不同的观点。他们不会轻易将自己的意见强加于人，而是充分关注和回应别人的感受。这份倾听与理解，这份与人共情的能力，使他们在与人沟通时更加顺畅。

通过自我暗示增强心理承受力

从羞涩少年到自信演讲人

常启从小就性格内向，一到公众场合就感到害羞和不自在。他也很想改变自己，于是便自告奋勇地参加了学校的演讲比赛。然而，到了比赛当天，常启站到演讲台上又紧张到说不出话来，遭到了全校人的嘲笑。

常启失败了，但他并不想放弃。他偶然间读到一篇关于古希腊雄辩家德摩斯梯尼"口含石子"克服口吃的毛病，最终成为一代演说家的故事。这可是历史记载的真实故事。常启受到了极大鼓舞，自我暗示也能像德摩斯梯尼一样成功。等到毕业的时候，他已经是校演讲比赛的冠军了。

毕业后，常启凭借自己出色的演讲能力，进入一家大型互联网公司市场部。他打算继续锻炼自己的演讲能力，他看过"一席"平台来自各行各业、角色迥异的人的生动演讲，也观看过"TED大会"来自科技、设计、文学、音乐等领域的杰出人物的演说……就这样，常启不断暗示自己也能够像他们一样出色演讲，对着视频学习讲话技巧，更学习他们深厚的知识和广阔的视野。最后，他成为一个既懂产品又怀有思考和探索精神的产品推介师，在业内广受欢迎，甚至受邀参加了戛纳国际广告节。

自我暗示的艺术

美国著名成功学大师拿破仑·希尔有一句名言："一切的成就，一切的财富，都始于一个意念。这个意念就是心理上的积极自我暗示。"自我暗示是一种强大的心理工具，它能够帮助我们发掘内在潜能，塑造更强大的自我。通过积极的自我暗示，我们可以影响自己的思维、情绪和行为，从而在面对挑战和困难时更加从容和自信。

常启在不断地对自己进行积极暗示的过程中，不仅改变了自己的心态，还增强了自信心。这种自信使他在演讲比赛中更加自如地发挥，在学校里成为演讲比赛冠军，在广告界成为登上国际舞台的著名产品推介师。

个人潜能的隐形枷锁

社交回避。在社交场合感到不自在，避免与他人进行眼神接触，或倾向于独自待在角落里，而不是积极参与群体活动。这样的人通常因为害怕社交，所以刻意地避免与人交流，结果导致社交能力下降、人际关系紧张，并且很容易陷入恶性循环。

言语犹豫。言语表达困难的人在表达自己观点或想法时显得犹豫不决，说话含糊不清，常常使用"可能""也许"等不确定的词汇。在职场中，他们会因为过于犹豫、无法及时表达自己的观点而错失良机，因为无法充分展示自己的能力而失去晋升机会，影响职业发展。

焦虑和压力感。常常感到紧张和焦虑的人，往往对未来充满担忧和不安感，难以放松和享受当下，也难以享受生活和工作中的乐趣。长此以往，还可能增加患心理疾病的风险，如社交恐惧症、抑郁症、焦虑症等。

⫻ 智慧应用自我暗示

释放正当的渴望。犹太王所罗门曾说过："正当的渴望应当得到赞许。"积极的自我暗示可以释放一个人内心的正当的渴望，赋予人更大的动力去迎接挑战。

把注意力集中到积极的自我暗示，也能够专注于你所期待的目标。例如，在准备一场重要考试或演讲时，你可以对自己说："我有能力应对这个挑战，我一定能够成功。"当承担一个新的任务时，你可以这样自我暗示："我行，我可以的。"

集中注意力。积极的自我暗示有助于增强对注意力的控制，提高工作效率和学习效果，还能激发个人的潜能和动力。例如，在追求某个目标时，你可以对自己说"我有能力实现这个目标"，并让这种思想成为自己的意识，这样自然也更容易在潜意识里要求自己"我会全力以赴"。

有效控制情绪。当你心中有忧愁、委屈、烦恼等不良情绪时，千万不要闷在心里，否则容易积聚成迟早要爆炸的"定时炸弹"。自我暗示法是一种常用的控制情绪的心理疗法。当遇到烦恼时，你可以给自己"一切都会过去""知足常乐"等心理暗示，这样就可以放松心情，让头脑逐渐冷静下来。

第十一章

职场焦虑

　　职场焦虑作为现代职场中普遍存在的心理现象，日益受到人们的关注。职场人士产生焦虑情绪，必然会影响工作效率和生活质量。但是职场焦虑并非洪水猛兽，它既是挑战也是机会。

　　正确应对职场焦虑，可以提升自我认知和情绪管理能力，从而在职场中更加从容地应对各种挑战。在本章中，我们将详细剖析职场焦虑的各个方面，为职场人士提供实用的建议和指导。让我们携手面对职场焦虑，共同追求更加美好的职业生涯！

为什么会有职场焦虑

战胜职场焦虑的旅程

李华大学毕业后进入了一家互联网公司，他所在的部门竞争激烈，每个项目都充满了挑战。他时常需要加班到深夜，为了完成任务而牺牲了许多休息和娱乐的时间。然而，即使他付出了巨大的努力，自己的共享汽车项目进展却并不顺利，客户的反馈也不尽如人意。这让李华倍感压力，开始怀疑自己是否适合这份工作。

在焦虑的折磨下，李华开始变得疲惫不堪。他睡眠质量下降，食欲不振，甚至出现了轻微的抑郁症状。他意识到，如果不及时采取措施，自己的身心健康将会受到严重影响。

于是，李华开始寻求改变。他学会了合理分配工作时间，避免过度劳累。他不再疯狂加班，而是给自己更多的时间深入研究自己的项目。经过一段时间的努力，李华逐渐走出了焦虑的阴影。他学会了更好地管理自己的情绪和压力，也找到了适合自己的工作方法和节奏。

职场焦虑的缩影

互联网发展日新月异，互联网公司内部竞争激烈，每个项目都充满了挑战和不确定性。这种高竞争的环境让李华感受到了巨大的压力，担心自己的表现不能达到公司或团队的要求，同时项目进展不顺利和客户反馈不如意也让他感到沮丧和烦躁。最终他因为过度的职场焦虑而精神崩溃，失眠、抑郁。

职业焦虑非常普遍，据某招聘网站的一份统计报告显示，94.9% 的白领有焦虑情绪，而与职场有关的焦虑比例就达到了 69.4%。

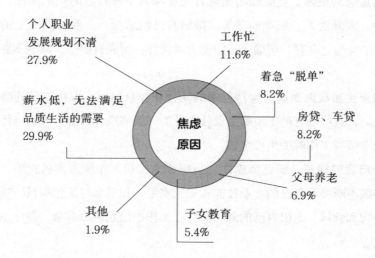

破坏职业生涯的"杀手"

工作效率下降。 职场焦虑常常导致注意力分散、思维混乱，使人难以专注于当前的任务。这不仅影响工作的质量，还会降低工作效率，使得原本能够高效完成的任务变得耗时且效果不佳。

人际关系紧张。 职场焦虑可能导致个人在与同事、上级或下属的交往中显得紧张、易怒或孤僻。这会影响人际关系的和谐，甚至可能引发冲突，影响工作环境和团队合作。

损害身体健康。 职场焦虑不仅影响心理健康，还可能引发一系列身体问题，如失眠、头痛、胃痛等，造成"亚健康"。长期的身体不适会进一步加剧焦虑情绪，造成恶性循环，严重影响个人的生活质量。

〔打破职场焦虑的怪圈

找到焦虑的根源。克服职场焦虑首先要深入了解自己的焦虑来源，包括工作压力、人际关系、职业前景等。接纳自己的感受，不要试图完全消除焦虑，而要学会与之共存。明确自己的能力和优势，增强自信心，减少不必要的自我怀疑。

用健康生活战胜焦虑。保持健康的饮食和作息习惯，保持充足的睡眠和适度的运动，这些都有助于消除上班族常见的"亚健康"状态。好的身体状态自然有助于缓解工作时的焦虑情绪。

提升自我效能感。职业焦虑往往与职业危机和工作压力密切相关。通过学习和实践不断提升自己的专业技能和知识水平，积极参与工作项目，勇于尝试新的事物和领域，走出自己的舒适区，在工作中做到游刃有余，自然也能减轻职业焦虑。

摆正心态：锁定你的核心目标

我的乐高，我做主

王磊刚加入一家乐高设计公司时，也像大多数新人一样，感到有些迷茫和焦虑。他担心自己的经验不足，担心无法设计出受市场欢迎的产品。但是，他很快意识到，这些担忧毫无用处，只会徒增烦恼罢了。于是，他决定调整自己的心态，一方面向公司的前辈学习，另一方面做市场调研，研究乐高设计方向。

王磊为自己定下一个目标——设计出符合中国人爱好的乐高产品。经过一段时间的努力，王磊的工作表现越来越好，更在中国传统建筑的乐高产品开发上发挥了关键作用，还带领团队成功设计出多个畅销品，很快成为设计团队的骨干。他积极的心态和出色的表现赢得了领导和同事的赞赏和认可。

如今，王磊已经成为公司里的明星员工。他不仅在乐高设计上取得了巨大的成功，还成为团队中有名的"市场通"。他用自己的经历告诉大家：在工作中保持积极心态，朝着自己的目标努力前进，就能够取得成功。

目标是指引前行之路的灯塔

王磊在刚加入公司时，像许多新人一样，面临着适应新环境的压力。他担心自己的技能不强，担心无法融入团队……这种心态是新人常有的。

但是王磊很快就将精力集中到自己的目标上。在工作中不可避免地会遇到各种挑战和困难，持续的担忧和焦虑无助于解决问题。有了明确的目标，这些不良的情绪也就无处藏身了。

别让负能量拖垮你

机遇与成功的敌人。消极态度是职场的敌人，会影响个人的工作积极性和创造力，让人难以集中精力投入到工作中。一旦不能摆正职场心态，不能集中于目标输出，势必会拉低工作效率，影响工作质量。消极态度还会导致人们缺乏自信和工作的积极性，难以抓住职业发展的机遇，错失晋升和成长的机会。

职场信任危机。一个人如果心态不正，往往难以与他人建立良好的人际关系。他们可能表现出冷漠、孤僻甚至带有攻击性，导致与他人的关系紧张或破裂。长期的消极态度使他们出现社交障碍，害怕与人交往或参与社交活动。这会导致他们在职场中被孤立和排斥，进一步加剧消极情绪。

职场不败的秘诀

职场中的稳定之锚。拥有积极心态的人往往愿意接受挑战，这种进取心和勇于尝试的精神能够帮助他们在职场上不断发展和成长。积极心态使他们更好地应对困难和挫折，能够为实现目标而集中自己的精力，能够在自己的职业领域深耕，保持职业发展的稳定性和持续性。

驱动创新。保持积极心态的人通常具有更强的创造力和想象力，他们能够从不同的角度看待问题，提出新的解决方案。创新能力对于应对职场中的复杂问题和挑战至关重要，能够帮助我们在职场中保持竞争优势。一个人若能发展自己驱动创新的能力，也能够在自己的领域突破圈层的限制，成为该领域的专家。

反刍思维：抓住症结就不再焦虑

我的论文怎么了？

李华是一家材料公司的骨干，最近他提出的一个材料改进方案被领导"打了回来"，这让他十分郁闷又焦躁。在夜深人静的时候，他辗转反侧，难以入睡，一遍遍回想技术总监说的那句"你的这个设想没有实践的可能"，回想着他失望又惋惜的眼神⋯⋯

李华在做技术改进方案时，花费了很多心思。他选择了材料制造非常前沿领域。但是总监对他说，这个方向过于超前，无论是公司的实验条件还是业内的理论研究情况，都非常有限，并不适合在当前的条件下进行探索。然而李华并没有听从总监的意见，反而强行坚持下来。结果不出所料，"巧妇难为无米之炊"，他的材料改进计划失败了。

现在他开始反思自己的过错，但是他并没有抓住问题的症结，反而得出了悲观的结论：我什么都做不好，我没有能力搞研究⋯⋯

症结一明，心静如镜

反刍思维，即个人在无知觉的状态下倾向于对个人消极情绪一直循环思考，把目光聚焦在事件的原因和后果上而不能积极地去面对和解决问题。反刍思维作为一种认知，对情绪也有重要的影响，容易让人陷入内耗的旋涡中。很多人在经历过负性事件之后，反复思考事件本身与事件造成的后果，沉浸在负面的胡思乱想中无法自拔，却把如何解决抛在了脑后。就像反刍类食草动物一样，把在胃中半消化的食物退回口中咀嚼，所以这种现象在心理学中被称为"反刍思维"。

身体中的慢性毒药

孤立无援。在人际交往中，焦虑的人可能感到紧张、不自在，难以表达自己的想法和感受，导致沟通障碍。他们通常喜欢回避社交活动，减少与他人的接触和交流，从而使自己陷入孤立无援的状态。

对身体健康的全面冲击。一个人如果长时间处于焦虑状态下，可能会出现入睡困难、睡眠浅、早醒等睡眠障碍，而长期失眠会影响个体的身体健康和日常生活，严重时会出现头痛、胸闷、心悸、呼吸急促等身体症状，甚至可能导致心血管疾病、消化系统疾病等。

走出焦虑迷宫

开启心灵自我对话的窗口。反刍思维不仅是对过去经历的回顾，更是一种对自我认知的深化和拓展。通过反刍，我们可以更全面地理解自己的行为、情绪和思考方式，从而更准确地把握自己的内心世界。这个过程就像打开了一扇心灵的窗户，让我们有机会与自己进行深入的对话，了解自己的需求、愿望和价值观。这种自我对话的过程还可以帮助我们建立更强的自我意识和自我控制能力，使我们在面对困难和挑战时更加从容和自信。

在困境中找寻智慧与力量。在困境中，我们往往感到迷茫、无助甚至绝望。然而，通过反刍思维，我们可以将注意力转向内心，开始与自己进行深入的对话。这种反刍思维不仅可以帮助我们回顾和分析过去的行为和决策，还可以让我们从新的角度审视问题，发现之前未曾注意到的信息或线索。

职业路径：合适的，才是最好的

适合自己的选择

李岩毕业于中央美院，一直渴望成为一名成功的画家。毕业后他借了亲戚朋友一些钱，在北京著名的 798 艺术区开了一家画室。然而由于市场不景气、推广不到位、开支太大等原因，他的工作室苦心经营了一年后，还是做不下去了……

等过年回老家时，李岩不免有些垂头丧气。在节日的喜庆氛围中，他走上大街散散心，猛然发现家乡具有鲜明岭南特色的传统工艺品是如此典雅，但是在北京却不多见。这些工艺品精美绝伦，然而在北方却不够流行。他突然意识到，这或许是个商机，还能圆自己的美术梦。

于是，他从画室失败的阴影中走出来，深入研究这些工艺品的制作技艺和市场前景。他开始尝试将传统工艺与现代设计结合，充分发挥自己的艺术特长，创作了许多别具一格的"岭南风"手工艺品，而且很快就开设了一家手工艺品店。他的店铺的产品因独特的设计和精湛的工艺受到了顾客的喜爱，生意日渐红火。

寻找适合自己的舞台

李岩最初"跟风"去 798 艺术区创业，虽然失败了，但是也显示出他具有敢于为未来而拼搏的精神。实际上，这也是他自我认知的一个转折点。在追求成功的过程中，他逐渐意识到，只有拼搏精神还是不够的，更重要的还是要找到最适合自己的舞台。这个舞台不仅要能够发挥自己的特长，还要能够"天时地利人和"，综合各种因素：成本高低、产品特色、运营难度……李岩最终找到了适合自己的舞台——岭南传统工艺品。

远离职业道路上的"无动力区"

一个人如果选择了一个与自身兴趣、能力不匹配的职业，往往难以发挥出最大的潜力。这可能导致职业发展受限，难以在职业道路上取得显著的进步。长期在不喜欢的岗位上工作，会让人缺乏进一步学习和提升自己的动力，进而错失职业发展的机会。

精准定位，告别焦虑

找到职业焦虑的根源。在选择职业路径之前，首先要识别自己职场焦虑的根源。是因为工作压力过大，还是担心职业发展停滞？了解焦虑的根源有助于我们更精准地选择适合自己的职业方向。

职业选择的平衡艺术。职业路径的选择应考虑个人的能力与工作的挑战的平衡。选择过于超出自己能力范围的工作可能导致过度的压力和焦虑，而选择过于简单的工作则可能让人感到无聊和缺乏成就感。因此，找到能力与职业挑战之间的平衡点至关重要。

兴趣引领职业路。选择与自己的兴趣相符的职业是减少职场焦虑的有效途径。当一个人对工作充满热情时，更有可能投入精力并享受工作过程，从而降低焦虑感。例如，李岩最终选择与传统工艺品相关的工作，很大程度上也是因为他对这一领域有深厚的兴趣。

第十二章

循序渐进：不苛求完美

在纷繁复杂的世界中，我们时常会被完美的光环所吸引，追求着那个似乎触手可及却又遥不可及的目标。苛求完美往往让我们忽视了过程中的美好，这给我们带来了无尽的压力和焦虑。

但是生活并非只有终点，更重要的是沿途的风景和成长的体验。因此，我们应该学会不苛求完美，以开放和包容的心态去面对生活，从容地迎接挑战，发现生活中更多的可能性。在本章中，让我们一起探究日常生活中可能出现的焦虑现象、焦虑问题，再学习如何不苛求完美，走出阴霾。

崩解焦虑：不完美才是平衡的艺术

不完美的创意

赵敏是一位年轻的设计师，有一天，她接到了一个重要的设计项目：为所在的城市设计一座新的地标建筑。但她发现自己无论如何都无法觉得"完美"，压力和焦虑让她彻夜难眠，甚至在一个深夜她发了疯似的将自己做好的设计图纸全都撕毁。

陷入困境的赵敏不得已向自己的老师求教。老师看着她疲惫不堪的样子，告诉她："设计不是追求完美的过程，而是表达灵感和创意的过程。"赵敏听后顿时有所感悟。于是，她决定改变自己的态度，不再过分纠结于每一个细节，而是从地域特色出发，从设计的本质和目的出发，让灵感自由流淌。赵敏发现不再追求完美后，自己的灵感反而像泉涌一样爆发了。最终她成功完成了这个重要的项目，她设计的地标雕塑被放在了城市的中心广场上。

不做完美主义者

赵敏一开始被"完美主义"所困，面对这项设计工作，她苛求自己做到尽善尽美，结果产生了严重的精神内耗。世界上本身就不存在十全十美的事情，这使得赵敏陷入焦虑之中无法自拔，甚至导致情绪崩溃。

　　但当听完老师的话，赵敏恍然大悟，打开了心结。设计本就是一项平衡的艺术，她不再追求完美，反而取得了成功。

完美主义的旋涡

　　从效率低到崩解。完美主义者会花大量时间在调整和改进上，试图让事情变得完美，但是这种追求并不能提升他们的工作效率或表现。完美主义者反倒容易因为追求完美而不得，产生深深的自我怀疑，就像李岩那样直到崩溃，撕毁了自己设计的图纸。

　　不可控的情绪风暴。完美主义者往往给自己设定过高的标准和期望，这导致他们会不断感受到来自内心的压力。科学研究显示，完美主义与心理压力、焦虑之间存在正相关关系，过度的要求可能导致情绪不稳定、紧张和疲惫。由于长时间面对无法实现的完美标准，完美主义者可能会感到极度的疲惫和倦怠。

不完美才是正常的

　　学会接受失败。你要认识到失败是生活中不可避免的一部分。无论是学习、工作还是交际，你都有可能遭遇失败。接受这个事实，可以让你更加平静地面对失败，并认识到失败和错误是成长和学习的重要部分。如果将失败视为一个机会，从中吸取教训并调整策略，你会发现自己不再感到焦虑，这时你的心境已经获得优化。

期望别过高。当你设定过高的期望时，一旦结果不如预期，你就容易陷入自责和沮丧的情绪中，甚至焦虑、崩溃。这种情绪不仅会影响你的心态，还可能阻碍你进一步追求成功。因此，从自己的能力和客观限制条件出发，设置合理的期望，对于保持积极的心态至关重要。

分离焦虑：这只是离开，不是抛弃

跨越距离的爱情

莉莉和小宇是一对深深爱着彼此的恋人。然而，由于工作的原因，小宇需要被调往另一个城市，他们不得不暂时分离。莉莉心中充满了不舍和担忧，她害怕距离会冲淡他们的感情，害怕会有其他女孩闯入小宇的生活。但小宇坚定地说："莉莉，我们只是暂分开。我的人不在你身边，但我的心永远在你身上。"

分开的日子里，莉莉和小宇每天都会通过各种方式分享彼此的生活，打电话，聊微信，开视频……每当夜深人静时，莉莉总会望着窗外的星空，想象着小宇也在同一片星空下思念着她。

虽然身处异地，他们还是经常互动。正是这种互动，让莉莉渐渐消除了分离带来的焦虑。终于，经过了一段漫长的等待，小宇的借调工作结束了。他迫不及待地回到了莉莉的身边，一段时间的分离让他们更加珍惜彼此了，半年后两人携手走入婚姻的殿堂。

分离是为了重逢

莉莉在听到小宇因为工作要前往另一个城市时，一开始表现出深深的担忧，这是人"分离焦虑"的正常反应——她担心异地恋会因为距离与时间的增加冲淡他们的感情。

经过小宇的劝说莉莉才放下心来。在分离的日子里，他们通过不断的沟通，维持着彼此之间的情感联系。这只是暂时的分离，而暂时的分离是为了更好的重逢。这段分离非但没有削弱他们的感情，反而让他们懂得了更加珍惜彼此。最终，两人走到了一起。

踢开焦虑这块绊脚石

别把焦虑传染给伴侣。爱情和婚姻也是不能苛求完美的，暂时的分离本身就是爱情和婚姻的一部分。分离焦虑具有传染性，可能会传递给伴侣。当一方处于分离焦虑状态时，另一方也很容易产生相似的情绪反应。这种情绪的传递和放大会加剧双方的焦虑。

爱情中的隐形裂痕。分离焦虑和依恋焦虑等情绪一样，也可能给爱情带来裂痕。这些情绪可能导致你无法信任伴侣，总是担心对方会离开自己或做对不起自己的事。这种缺乏信任的状态会破坏双方之间的沟通和理解，导致误解和冲突的增加。一项针对成年人的研究报告表明，约75%的受访者表示在恋爱关系中经历过不同程度的焦虑，其中超过一半（55%）的人表示这种焦虑情绪导致他们对伴侣的不信任感增加。

用信任守护爱情

远离负面情绪。首先，要学会识别自己的情绪，并理解何时可能过度地将分离焦虑等不良情绪传递给伴侣。同样，也要留意伴侣的情绪变化，以便在对方情绪不佳时给予支持和理解，而不是加剧其情绪。

构建信任之桥。在与伴侣交往过程中，坦诚地交流彼此的感受和想法，可以更好地理解对方的需求和期望。在沟通中，要更多地通过"信任"来化解各种情绪，充分倾听伴侣的感受并做出积极的回应。

爱的焦虑：渴望爱，又逃离爱

矛盾的爱

小芸的心总是在爱与怕之间摇摆不定，她非常喜欢公司的一位同事，对方也对她有意。每当两人相见，那种心跳加速的感觉让她陶醉。然而，当对方试图真正靠近时，她又陷入了深深的矛盾。小芸害怕被爱情束缚，害怕婚姻中鸡毛蒜皮的各种琐事，更害怕一旦两人分手，在同一公司里显得尴尬……

不过在闺密的劝说下，她终于和对方走近一步。小芸感受到了对方对自己热烈的爱，这让她非常欣慰。不过，她又陷入新的焦虑中，开始想象未来可能出现的种种问题：对方会不会变心？我真的准备好结婚了吗？……

这些担忧让她在爱情的边缘徘徊，无法下定决心。这样的状态持续了整整一年。小芸清楚这种矛盾的心态正在阻止她享受爱情的美好，她梦想着有一天能够找到一个平衡点。然而，最终对方在她这种反复平衡中逐渐对她产生了猜忌，又过了半年，两人的恋爱关系就结束了。

⁄⁄ 在爱河中摇摆不定

小芸矛盾心理的元凶正是她自己对爱情的焦虑。她一方面渴望得到爱情，另一方面又对婚姻生活充满了恐惧。这种自相矛盾让她产生了一种焦虑。

这种焦虑使得小芸面对爱情时，时常处于高度紧张状态。她虽然尝试了恋爱，但在反复的犹豫中爱情"无疾而终"，无法享受爱情带来的美好。小芸愿意尝试，也愿意为了爱情去努力，但她最终还是没有克服爱的焦虑，开花而未能结果。

爱情焦虑的其他困境

害怕失去。对爱情焦虑的人往往极度恐惧失去爱情。这种恐惧可能导致他们在与伴侣相处时"用力过猛"，试图通过过度付出或控制来确保伴侣不会离开。然而，这种行为往往适得其反，可能使伴侣感到压抑或束缚，从而加剧双方之间的矛盾和冲突。

对爱情感到麻木。对爱情焦虑的人往往会出现情感麻木。这是他们为避免面对潜在的感情威胁而形成的一种防御机制。在这种情况下，他们可能难以体验到正常的情感共鸣，进而影响与伴侣的关系，导致情感破裂。

与爱的焦虑和解

合理的个人空间。在恋爱关系中，我们需要明确自己的底线和原则，避免因为过度投入而失去自我。我们要在情感、时间、金钱等方面设定合理的界限，确保自己的需求得到满足，同时也尊重伴侣的需求。设定界限并不意味着限制彼此的情感交流，而是为了确保双方都能保持独立。在此基础上，由于自我的安全感得到了满足，爱的焦虑也就消解了。

包容对方。在爱情的旅途中，学会包容对方是一门至关重要的必修课。包容的心态给消除焦虑提供了宽松的环境。包容并不意味着对对方的错误或不足视而不见，而是指在理解和尊重的基础上，给予对方足够的空间和自由，接受并理解他们的独特性。通过包容对方的独特性、学会换位思考、保持平和的心态，建立一种更加健康、稳定、和谐的恋爱关系。

超我焦虑：莫名其妙的负罪感

错过的当好人的机会

李婷在超市里购物时，看到一位老人在光滑的地板上走得颤颤巍巍，一个不小心差点摔倒在地。她本想冲上前去，扶住老人。然而由于手里拿着一堆挑好的东西，她没有及时去扶。就在这时，另一位年轻人把手里拿的青菜一扔，大步冲了过来，千钧一发之际抢先扶住了老人。

这本是一件小事，然而在李婷心中却掀起了一阵波澜。她感到一阵失落和自责，好像犯了什么大错一样。她不停地想：为什么我没有及时扔掉手里的东西去帮助老人呢？难道是我本质不够善良，竟然没能做出反应？回到家中，李婷还是一直无法摆脱这种负罪感，甚至彻夜难眠。

不要用"超我"苛责自己

焦虑对于我们很多人来说都不陌生，但是"超我焦虑"可能就不是那么熟悉了。"超我"这个词，最早是由奥地利精神分析学家弗洛伊德提出来的。在弗洛伊德的理论中，"超我"是指良心和道德。

顾名思义，超我焦虑是一种因没有达到内心的某种高道德标准而产生的焦虑。李婷因为"帮人而不得"产生负罪感，正是超我焦虑造成的。她的责任感过强，过于关注他人的需求，甚至因此而苛责自己。超我焦虑过于强烈或持续时间过长时，容易产生病态的负罪感，使个体的心理健康和生活受到巨大的负面影响。

负罪感的束缚

对心灵的一场压迫。因超我焦虑产生负罪感的人往往伴有自我否定、内疚、焦虑、抑郁等负面情绪。他们有可能刚准备放松一下就会想"我不应该想着休息"。这种持续的心理压迫会让人感到喘不过气来，又难以摆脱。长此以往，他们会严重怀疑自己的能力、价值和行为，从而影响自信心。

自我认知扭曲。超我焦虑得不到有效控制，会扭曲自我认知。强烈的负罪感会导致人们对自己的评价过于负面，认为自己不值得被爱、被尊重，认为自己一无是处。负罪感往往伴随着对他人的愧疚和歉意，这可能导致个体在人际关系中表现得过度谦卑或讨好，甚至沉浸在不可自拔的忏悔中而精神崩溃。

爱人先学会爱己

让"不"成为你的力量。我们要学会说"不"，为自己设定合理的责任界限，避免过度迎合他人的需求和期望。善待自己，不要过于苛责或批评自己。

从负罪感中解放自己。如果你发现负罪感源自某个具体的行为或决策，你可以制订一个行动计划来自我纠正。这个计划应该包括具体的步骤和时间表，以便你能够逐步修正自己的认知，从对自我的惩罚和苛责中走出来。